Dr.-Ing. Hans Weidemann

Balkenförmige Stahlbeton- und Spannbetonbrücken

Teil 1

2., neubearbeitete und erweiterte
Auflage 1984

Werner-Verlag

79 Abbildungen und 18 Tabellen
1. Auflage 1971
2. Auflage 1984

CIP-Kurztitelaufnahme der Deutschen Bibliothek

Weidemann, Hans:
Balkenförmige Stahlbeton- und Spannbetonbrücken/Hans Weidemann. –
Düsseldorf: Werner
  1. Auflage. u. d. T.: Koch, Werner: Brückenbau

Teil 1. – 2., neubearb. u. erw. Aufl. – 1984.
  (Werner-Ingenieur-Texte; 10)
  ISBN 3-8041-3980-9
NE: GT

ISSN 0341-0307

ISBN 3-8041-3980-9

DK 624.2/.8
© Werner-Verlag GmbH · Düsseldorf · 1984
Printed in Germany
Alle Rechte, auch das der Übersetzung, vorbehalten. Ohne ausdrückliche Genehmigung des Verlages ist es auch nicht gestattet, dieses Buch oder Teile daraus auf fotomechanischem Wege (Fotokopie, Mikrokopie) zu vervielfältigen.
Zahlenangaben ohne Gewähr
Satz: Klaus Eugen Meier Filmsatz, Freiburg
Archiv-Nr.: 219/2 – 3.84
Bestell-Nr.: 39809

Inhaltsverzeichnis

1 **Planung der Brücken** ... 1
  1.1 Allgemeines ... 1
  1.2 Stützweiten und Lichtraumprofile ... 6
    1.2.1 Lichtraumprofile für Straßen ... 6
    1.2.2 Lichtraumprofile für Bahnanlagen ... 10
    1.2.3 Schiffahrtsöffnungen ... 16
  1.3 Regel-Querschnitte für Brücken ... 17
    1.3.1 Straßenbrücken ... 17
    1.3.2 Eisenbahnbrücken ... 19
    1.3.3 Straßenbahnen und Stadtbahnen ... 20

2 **Lastannahmen** ... 22
  2.1 Straßen- und Wegbrücken ... 24
    2.1.1 Ständige Lasten ... 24
    2.1.1 Verkehrsregellasten ... 24
    2.1.3 Verkehrslasten auf Bauwerkshinterfüllungen ... 32
    2.1.4 Schwinden des Betons ... 32
    2.1.5 Wahrscheinliche Baugrundbewegungen ... 33
    2.1.6 Verschiebung beim Auswechseln von Lagern ... 33
    2.1.7 Zusatzlasten ... 33
    2.1.8 Sonderlasten ... 38
    2.1.9 Besondere Nachweise ... 40
    2.1.10 Militärlastklassen ... 44
  2.2 Eisenbahnbrücken ... 46
    2.2.1 Ständige Lasten ... 47
    2.2.2 Verkehrslasten ... 49
    2.2.3 Zusatzlasten ... 55
      2.2.3.1 Allgemeine Einflüsse ... 55
      2.2.3.2 Anfahr- und Bremslasten ... 55
      2.2.3.3 Seitenstoß ... 55
    2.2.4 Sonderlasten ... 56
      2.2.4.1 Entgleisung von Eisenbahnfahrzeugen ... 56
      2.2.4.2 Anprallasten ... 56
    2.2.5 Besondere Nachweise ... 58
  2.3 Straßenbahnen ... 61

3	**Bemessung und Ausführung**	62
3.1	Statische Berechnung	62
3.2	Zeichnungen	63
3.3	Betondeckung der Bewehrung	64
3.4	Tragwerke	65
	3.4.1 Mitwirkende Plattenbreite	65
	3.4.2 Torsionssteifigkeit	68
	3.4.3 Schiefwinkligkeit	68
	3.4.4 Kastenträger	69
	3.4.5 Mindestabmessungen	69
3.5	Stützen, Pfeiler, Widerlager und Fundamente	70
3.6	Erforderliche Nachweise	71
3.7	Zusätzliche Bewehrungsrichtlinien	74
3.8	Spannbetonbrücken	79
	3.8.1 Allgemeines	79
	3.8.2 Begriffe	79
	3.8.2.1 Arten der Vorspannung	80
	3.8.3 Erforderlich Nachweise	81
	3.8.3.1 Spannungsnachweise für Gebrauchslasten	81
	3.8.3.2 Rissebeschränkung	82
	3.8.3.3 Nachweis für den rechnerischen Bruchzustand bei Biegung, Biegung mit Längskraft und bei Längskraft	84
	3.8.3.4 Spannungsnachweis der schiefen Hauptspannungen und Schubdeckung	84
	3.8.4 Zulässige Spannungen	85
	3.8.5 Kriechen und Schwinden	90
4	**Baustoffe**	97
4.1	Beton	97
	4.1.1 Festigkeitsklassen	97
	4.1.2 Zuschlagstoffe	98
	4.1.3 Anmachwasser	99
	4.1.4 Bindemittel	99
	4.1.5 Betonzusätze	101
	4.1.6 Betonzusammensetzung	101
	4.1.7 Bereiten, Verarbeiten und Nachbehandeln	102
	4.1.8 Beton für Sichtflächen	103
	4.1.9 Beton für Kappen	103
	4.1.10 Transportbeton	104
	4.1.11 Betonprüfungen	104
	4.1.12 Leichtbeton	105
4.2	Betonstahl	106

	4.2.1	Stahlsorten	106
	4.2.2	Verbindungen	107
	4.2.3	Zusätzliche Nachweise	109
	4.2.4	Lagerung und Einbau	110
4.3	Spannverfahren		110
	4.3.1	Spannstähle	110
	4.3.2	Spannverfahren	112
		4.3.2.1 Keil- und Klemmverankerung	112
		4.3.2.2 Schraubgewinde	113
		4.3.2.3 Haft- und Reibungsverankerung	113
		4.3.2.4 Sonderverankerung	113
		4.3.2.5 Stoßverbindungen	134
	4.3.3	Montage der Spannglieder, Spannen und Injizieren	134

5 Brückenüberbauten ... 148

- 5.1 Allgemeines ... 148
- 5.2 Flächentragwerke ... 151
  - 5.2.1 Vollplatten ... 151
  - 5.2.2 Hohlplatten ... 154
  - 5.2.3 Zellenkästen ... 156
  - 5.2.4 Trägerroste ... 158
  - 5.2.5 Schiefe Platten ... 158
- 5.3 Balkenförmige Brücken ... 163
  - 5.3.1 Plattenbalken ... 163
  - 5.3.2 Hohlkasten ... 164
  - 5.3.3 Trogbrücken ... 167
  - 5.3.4 Querträger ... 168
  - 5.3.5 Schlaffe Bewehrung ... 169
  - 5.3.6 Längsvorspannung ... 170
  - 5.3.7 Quervorspannung ... 175

Literaturverzeichnis ... 181
Stichwortverzeichnis ... 187

Vorwort

Das vorliegende Werk über Balkenbrücken aus Stahlbeton und Spannbeton erscheint wegen des großen Umfanges in zwei Teilen. In diesen beiden Bänden werden die wesentlichen Grundlagen des Entwurfes und der Bemessung sowie der Baustoffe behandelt, und es soll ein Überblick gegeben werden über den gegenwärtigen Stand der Entwicklung für die Konstruktion von balkenförmigen Stahlbeton- und Spannbetonbrücken und ihrer Herstellung mit konventionellen und modernen Bauverfahren. In erster Linie werden die technisch-konstruktiven Möglichkeiten und die Anwendung der verschiedenen Bauverfahren aufgezeigt und erläutert. Die Kenntnis der statischen Grundlagen des Brückenbaues wird vorausgesetzt, und daher wird auf diese nicht eingegangen. Für besondere statische Probleme werden einzelne Hinweise gegeben, im übrigen wird auf das spezielle Schrifttum verwiesen (s. Literaturhinweise).

Nachdem nun auch die Neubearbeitung der DIN 1072 als Entwurf vorliegt, dürften in absehbarer Zeit kaum Neubearbeitungen von Vorschriften und Regelwerken erfolgen, die sich auf den Stahlbeton- und Spannbetonbrückenbau beziehen. Die Weiterentwicklung von Bauverfahren und Konstruktionen scheint nun ebenfalls zu einem gewissen Abschluß gekommen zu sein, so daß die Aktualität des Stoffes sicherlich über längere Zeit erhalten bleiben wird. Dem in der Praxis tätigen Ingenieur mag dieses Buch als Anregung und Hilfe bei seiner täglichen Arbeit dienen, für den Studierenden kann es Anleitung sein und die Einarbeitung in die Probleme des Stahlbeton- und Spannbetonbrückenbaues ermöglichen.

Mein Dank gilt den Baufirmen und Behörden, die mir manche Unterlagen freundlicherweise überlassen haben.

Dem Werner-Verlag danke ich für die sorgfältige Bearbeitung des Manuskriptes und die gute Zusammenarbeit.

Meerbusch, Frühjahr 1984 *Dr.-Ing. Hans Weidemann*

1 Planung der Brücken

1.1 Allgemeines

Zweck der Brücken

Eine Brücke ist ein Bauwerk, das einen oder mehrere Verkehrswege über einen oder mehrere andere Verkehrswege und Hindernisse (Schluchten, Flüsse) führt. Die Verkehrswege können sein: Straßen, Eisenbahnen, Gehwege, Kanäle usw. Auch Versorgungsleitungen (Gas, Wasser, Strom) werden mittels Brücken über Verkehrswege geleitet, i. allg. in Verbindung mit der Überleitung von Straßen oder Eisenbahnen.

Benennung der Brücken

Der wichtigste von mehreren über die Brücke geführten Verkehrswegen gibt dem Bauwerk jeweils den Namen, z. B. Eisenbahnbrücke, Straßenbrücke, Eisenbahn- und Straßenbrücke, Fußgängerbrücke (auch Fußgängersteg), bei kleinen Bauwerken auch Durchlaß genannt. So ist z. B. ein Straßendurchlaß eine kleine Straßenbrücke mit $w \leq 6 \ldots 8\,\text{m}$; man gibt zusätzlich zweckmäßig an, was unten durchgelassen wird (Weg, Bach, Rohr).

Es ist aber auch üblich, Brücken, die über größere topographische Hindernisse führen, nach diesen zu benennen:

z. B. Talbrücken (Blombachtal, Ruhrtal, Siegtal, Kochertal)

Flußbrücken (Rheinbrücke, Elbbrücke, Moselbrücke)

Brücken über größere Gewässer (z. B. Fehmarnsund-Brücke, Beltbrücke, Oosterschelde-Brücke).

a) Deckbrücken

b) Trogbrücken

Abb. 1.1 Deck- und Trogbrücken

Tabelle 1.1 Einteilung der Brücken

Verwendungszweck	Überbrückung	Konstruktion
Straßenbrücken Eisenbahnbrücken Fußgängerbrücken Rohrbrücken Kanalbrücken Hochstraßen	Talbrücken – Blombachtal – Siegtal – Ruhrtal	Plattenbrücke Balkenbrücke Rahmenbrücke Bogenbrücke Hängebrücke Schrägseilbrücke
	Flußbrücken – Rheinbrücke – Mainbrücke – Donaubrücke	
feste Brücken bewegliche Brücken		Vollwandträger Fachwerkträger
bleibende Brücken Behelfsbrücken Arbeitsbrücken Notbrücken	Sonst. Gewässer – Fehmarnsund – Köhlbrand – Belt – Oosterschelde	stat. bestimmt stat. unbestimmt
		Deckbrücken (Fahrbahn obenliegend) Trogbrücke (Fahrbahn untenliegend) Abb. 1.1

Baustoff	Grundriß	Bauverfahren
Holz Stein Beton Stahlbeton Spannbeton Stahl Stahlverbund	gerade Brücke schiefe Brücke gekrümmte Brücke – einseitig – gegenläufig (Abb. 1.2)	**Massivbrücken** – Lehrgerüst – Vorschubgerüst – Freivorbau – Taktschieben – Fertigteile – Mischbauweise – Segmentbauweise – Längsverschub – Querverschub **Stahlbrücken** – Vorfertigung – Hilfsgerüste – Abspannung – Freivorbau – Längsverschub – Querverschub

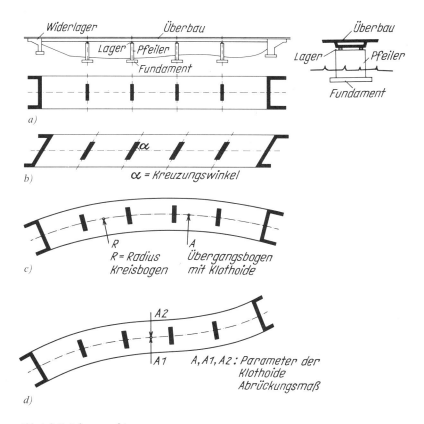

Abb. 1.2 Brückengrundrisse

a) gerade Brücke   c) einseitig gekrümmte Brücke
b) schiefe Brücke d) gegenläufig gekrümmte Brücke

Die Brücken lassen sich außerdem nach der Art der Konstruktion, dem verwendeten Baustoff und dem Grundriß einteilen (siehe hierzu auch Tabelle 1.1).

Planung der Brücken

Die Planung der Brücken erfordert umfangreiche Vorarbeiten, um die Entwurfsgrundlagen festzulegen und eine ästhetisch befriedigende und wirtschaftliche Brückenkonstruktion zu finden.

Eine Brücke ist als Teil eines Verkehrsweges (Autobahn, Bundesstraße, Stadtstraße, Eisenbahn) den allgemeinen Regeln der Linienführung für diese Verkehrswege unterworfen; z. B.:
- Richtlinien für die Anlage von Straßen (RAS):
  Teil 1 Querschnitte (RAS-Q, Ausgabe 1982),
  Teil 2 Linienführung RAL-L (1973).

Bei der Planung sind folgende wichtige Punkte zu beachten:
- Linienführung im Lageplan
  (Gerade, Kreisbogen, Übergangsbogen, einseitig oder gegenläufig gekrümmt),
- Linienführung im Höhenplan
  (Höhenlage über Gelände, Längsneigung, Kuppen- und Wannenausrundung),
- Entwicklung der Fahrbahnbreiten
  (Querschnittsgestaltung),
- Topographie des Geländes
  (Höhenverlauf, kreuzende Wasserläufe),
- Baugrundverhältnisse
  (tragfähiger Baugrund, Setzungen),
- freizuhaltende Verkehrsräume
  (Lichtraumprofile für Straßen, Bundesbahn, Schiffahrt),
- Leitungsführung
  (Wasserversorgung, Abwasserkanäle, elektrische Freileitungen u. a.)
- Umweltschutz (Lärmschutz, Schutz vor Abgasen)

In früheren Zeiten nahmen die Verkehrsplaner besondere Rücksicht auf die baulichen Möglichkeiten des Brückenbaus und nahmen dafür Erschwernisse für den Verkehr in Kauf:
- möglichst rechtwinklige Kreuzungen,
- gerade Brückenachse,
- gleichbleibende Brückenbreite,
- konstantes Längsgefälle.

Heute ist es genau umgekehrt. Der freizügige und gefahrlose Verkehr hat Vorrang. Die Brücken sind voll in die Planung der Verkehrswege integriert. Neue wissenschaftliche Erkenntnisse und die Anwendung der EDV ermöglichen es, die Tragwirkungen von Brücken unterschiedlicher Gestaltung zu erfassen:
- Brücken mit beliebigem Grundriß:
  schiefe Brücken,
  trapezförmiger Grundriß, ⎫
  parabolischer Ränder,   ⎬ Brückenbreite veränderlich

- Brücken mit gekrümmter Brückenachse:
  konstante Krümmung (Kreis),
  variable Krümmung (Klothoide),
- beliebige Gestaltung der Brückengradiente (Aufriß):
  Wannenausrundung,
  Kuppenausrundung.

Tabelle 1.2 Brückenkonstruktion

Konstruktion	Skizze	max. Stützweite L [m]	
		Beton	Stahl
Balkenbrücke			
Talbrücke		120	250
Flußbrücke		250	300
Bogenbrücke			
Talbrücke		300	500
Flußbrücke			
Hängebrücke		–	1500
Schrägseilbrücke		400 (Leichtbeton)	2000

Aus diesen äußeren Gegebenheiten (den Randbedingungen) wird der Entwurf der Brücke entwickelt (s. Tabelle 1.2):
- Pfeilerabstand (Stützweiten),
- Baustoff (Stahl, Stahlverbund, Spannbeton, Stahlbeton, Holz, Stein),
- Konstruktion des Haupttragwerkes, (Balken-, Bogen-, Schrägseilbrücke, Hängeband),
- Konstruktionshöhe und Gestaltung des tragenden Querschnittes (Platte, Plattenbalken, Hohlkasten),
- Bauverfahren (Ortbeton, Fertigteile, Verwendung von Lehrgerüst, Vorschubbrüstungen, Herstellung im Freivorbau oder Taktschiebeverfahren),
- Gestaltung der Pfeiler (massive Pfeiler, Hohlpfeiler, Hammerkopfpfeiler u. a.),
- Gründung (Flach-, Pfahl-, Brunnen-, Druckluftgründung u. a.),
- Kosten (Herstellungs- und Unterhaltungskosten),
- Architektonische Gestaltung des Brückenbauwerks und seine Eingliederung in die Landschaft (Fluß, Tal, Hochstraßen).

Nur die fruchtbare Zusammenarbeit (Teamwork) aller am Brückenbau Beteiligten:
- Entwurfsverfasser (Behörde, Ing.-Büro, Baufirma),
- Brückenkonstrukteur und Statiker,
- Prüfingenieur,
- ausführende Baufirma (Bauverfahren, Einsatz von Personal und Geräten, Bauablaufplanung),

bietet die Gewähr für die Erstellung von Bauwerken mit bleibendem Wert und zeugt vom Können der Gestalter, von den Kenntnissen der Ingenieure in Theorie und Praxis und von den Fertigkeiten der beteiligten Arbeitskräfte.

1.2 Stützweiten und Lichtraumprofile

Die Wahl der Stützweiten bestimmt die Konstruktion, die Gestaltung und die Kosten einer Brücke. Die Stützweite ist abhängig von
- den freizuhaltenden Lichtraumprofilen,
- den Gründungsverhältnissen,
- der Höhe über Gelände und der Gesamtlänge des Bauwerkes.

Bei Brücken über anderen Verkehrswegen (Straße, Eisenbahn) sind die vorgeschriebenen Lichtraumprofile (wenn möglich mit vergrößertem Abstand) einzuhalten.

1.2.1 Lichtraumprofile für Straßen

Der *lichte Raum* (lichte Höhe × lichte Weite) ist derjenige Raum, der von festen Hindernissen freizuhalten ist. Die *lichte Höhe* darf durch Setzun-

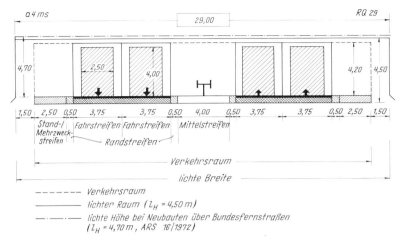

Abb. 1.3 Regelquerschnitt RQ 29 (RAS-Q)

gen, Durchbiegungen, Rüstungen und Einschalungen nicht eingeschränkt werden.

Für den *Kfz-Verkehr* auf Landstraßen wird bei der Festlegung des lichten Raumes (RAS-Q) von folgenden Werten ausgegangen (Abb. 1.3):

- Bemessungsfahrzeug
  Breite $b_0 = 2{,}50$ m
  Höhe $h_0 = 4{,}00$ m

- Bewegungsspielraum für Ausgleich von Fahr- und Ladeungenauigkeiten und als Sicherheitsabstand gegen überholende und begegnende Fahrzeuge von 1,25 m bei Gruppe a bis auf 0 abnehmend bei Gruppe f.

- Fahrstreifen = Bemessungsfahrzeug + Bewegungsspielraum.

- Randstreifen gehören zur Fahrbahn. Auf dem Randstreifen ist die Fahrbahnbegrenzungslinie aufzubringen.

- Standstreifen zum Anhalten bei Notfällen
  Gruppe a: 2,50 m, Gruppe b: 2,00 m.

- Bankette neben befestigten Seitenstreifen 1,50 m breit, unmittelbar neben der Fahrbahn je nach Querschnittsgruppe 2,00 m bis 1,00 m breit.

- Verkehrsraum = Fahrstreifen + Randstreifen + Mittelstreifen + befestigte Seitenstreifen.

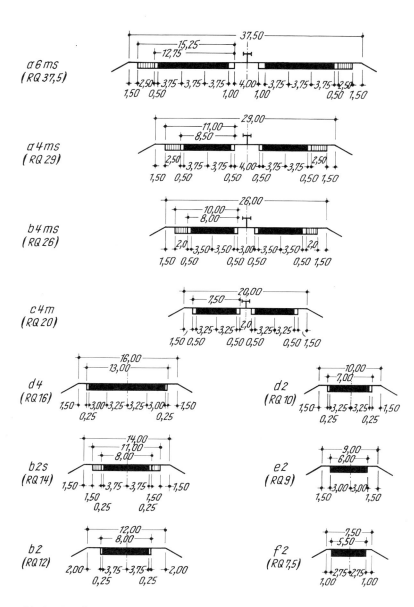

Abb. 1.4 Regelquerschnitte nach RAS-Q

- lichter Raum = Verkehrsraum + Zuschlag für seitliche Begrenzung = 1,50 m (1,00 m bei beengten Verhältnissen) für obere Begrenzung = 0,30 m.
- lichte Höhe l_H = 4,00 + 0,20 + 0,30 = 4,50 m, bei Neubauten über Bundesfernstraßen l_H^* = 4,70 m.

In der RAS-Q sind Regelquerschnitte festgelegt (Abb. 1.4):

RQ 37,5   RQ 14
RQ 29   RQ 12
RQ 26   RQ 10

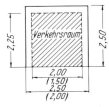

Abb. 1.5 Regelquerschnitt für Radweg

Bei *Geh- und Radwegen* (Abb. 1.5) sind die

- Ausgangsmaße: Radwege b_0 = 0,60 m; h_0 = 2,00 m
  Gehwege b_0 = 0,75 m; h_0 = 2,00 m
- Bewegungs-spielraum: Radweg seitlich 0,20 m
  Rad- und Gehweg oben 0,25 m
- Verkehrsraum: Radwege je Fahrstreifen b = 1,00 m; h = 2,25 m
  Gehwege je Streifen b = 0,75 m; h = 2,25 m
- lichter Raum: Radwege b_L = 1,50 m h_L = 2,50 m
  Gehwege b_L = 2,00 m h_L = 2,50 m

Im Bereich von Bauwerken (Brücken, Stützwänden, Tunneln) ist das Lichtraumprofil der freien Strecke in der Regel beizubehalten. Das Lichtraumprofil ist zu vergrößern, wenn dies durch die erforderliche Sichtweite bedingt ist.

Für Überführung über Bundesautobahnen sind die lichten Mindestabstände in ARS 2/1975 festgelegt (Abb. 1.6). Der Regel-Widerlagerabstand für zweifeldrige Straßenüberführungen über zweispurige Bundesfernstraßen ist in ARS 6/1978 mit 42,00 m festgelegt.

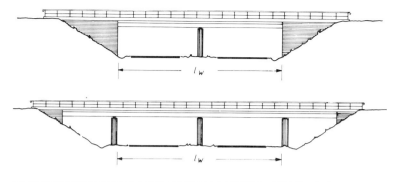

RQ	26		29		37,50
Fall	1,1	1,2*)	2,1	2,2*)	3
l_w	26,00	33,00	29,00	37,50	37,50

*) spätere Verbreiterung möglich

Abb. 1.6 Lichte Mindestabstände für Überführung von Bundesautobahnen

1.2.2 Lichtraumprofile für Bahnanlagen

Für die *Bundesbahn* ist das gesetzliche Lichtraumprofil in der Vorschrift für Eisenbahnbrücken und sonstige Ingenieurbauwerke VEI (DS 804, Vorausgabe) festgelegt. Der für neue Überbauten freizuhaltende Lichtraum ist gemäß GE geringfügig vergrößert, um auch bei Bauungenauigkeiten die Einhaltung des gesetzlichen Lichtraumprofils zu gewährleisten (Abb. 1.7).

Das Lichtraumprofil muß in Gleisbögen verbreitert werden. In Bogengleisen mit Überhöhung kippt der Lichtraum und muß zusätzlich verbreitert und erhöht werden.

Für *Bauwerke über Eisenbahnanlagen* sind lichte Weite und lichte Höhe in DS 804 (411 bis 413) festgelegt:
- Lichte Weite
  Regelabstand 3,00 m von Gleisachse, in Sonderfällen Vergrößerung (z. B. Erhaltung der Sichtverhältnisse oder bei gekrümmten Gleisen).
- Lichte Höhe
  Soll in jedem Einzelfall mit der Eisenbahnverwaltung festgelegt werden.

Regelmaß für vorhandene schwere Überbauten 5,35 m ü. SO
Regelmaß in Bahnhöfen 6,00 m ü. SO
neue schwere Überbauten auf freier Strecke 5,50 m ü. SO

Eine Vergrößerung der Regelmaße für die lichten Höhen kann erforderlich werden, wenn
- auf den betreffenden Strecken Sendungen mit Lademaßüberschreitungen (LÜ-Transporte) befördert werden sollen;
- die freien Strecken mit einer Geschwindigkeit befahren werden, die eine elastische Aufhängung des Fahrdrahtes erfordert;
- andere besondere Verhältnisse vorliegen.

Auf allen Strecken gilt für das Lichtraumprofil der erweiterte Regellichtraum.

Einzelheiten der Abmessungen des lichten Raumes für Anlagen des öffentlichen Personennahverkehrs sind der RASt-Ö zu entnehmen.

Die Mindestbreite der Straßenbahnverkehrsspur beträgt in der Geraden (RASt-Q, Abs. 1.1.2)
bei Fahrzeugbreite 2,65 m = 2,95 m
bei Fahrzeugbreite 2,50 m = 2,80 m
bei Fahrzeugbreite 2,35 m = 2,65 m
bei Fahrzeugbreite 2,20 m = 2,50 m.

In Gleisbogen muß die Breite der Straßenbahnverkehrsspur infolge des Wagenausschlages vergrößert werden.

Weitere Einzelheiten über die Gestaltung der Anlagen des Straßenbahnverkehrs im Straßenraum siehe „Richtlinien für die Anlage von Stadtstraßen-Anlagen des öffentlichen Personennahverkehrs" (RASt-Ö).

Richtlinien für Entwurf und Ausbildung von Brückenbauwerken an Kreuzungen zwischen Bundesbahnstrecken und Bundesfernstraßen (Ausgabe August 1981) sind im ARS 15/81 enthalten. Danach ist zu berücksichtigen:

6 – Eisenbahnbrücken sind mit durchgehendem Schotterbett und in der Regel als Deckbrücken anzuführen.

7 – Bei Eisenbahnbrücken sind die Fahrbahnen mit einem rechtwinkligen Abschluß auszubilden.

8 – Bei lichten Höhen unter Eisenbahnbrücken bis 5,00 m sind Überbauten mit einem Eigengewicht bis zu 30 t gegen waagerechte Verschiebung durch Anprall von Straßenfahrzeugen konstruktiv zu sichern.

9 – Die Wandflächen von Fuß- und Radwegunterführungen sind so auszuführen, daß normale wie willkürliche Verunreinigungen leicht entfernt werden können. Gleiches gilt für Widerlagerwände von Eisenbahnüberführungen an stark begangenen Fußwegen oder wo sonst aus den Umständen mit besonderen Verunreinigungen gerechnet werden muß.

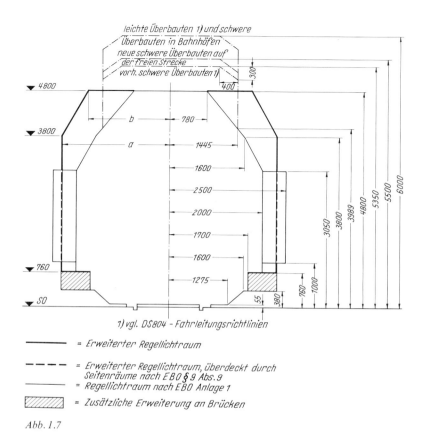

Abb. 1.7

3.1 Bundesbahnstrecken

12 – Bei elektrifizierten und zur Elektrifizierung vorgesehenen Strecken sind folgende lichte Höhen als technisch notwendig zu erwarten:

Auf der freien Strecke im Normalbereich der Kettenwerke bei Ausbaugeschwindigkeit

$$\begin{aligned} V &\leq 160 \text{ km/h}: 5{,}60 \text{ m ü SO} \\ 160 \text{ km/h} < V &\leq 200 \text{ km/h}: 5{,}90 \text{ m ü SO} \\ V &> 200 \text{ km/h}: 7{,}40 \text{ m ü SO} \end{aligned}$$

Abb. 1.7 Fortsetzung

H Bogenhalbmesser [m]	a [mm]	b [mm]
∞	2200	1700
20 000	2200	1700
10 000	2220	1720
5 000	2280	1780
4 000	2300	1800
3 000	2320	1820
1 000	2320	1820
600	2330	1830
500	2340	1840
300	2350	1850
250	2360	1860
200	2370	1870
175	2380	1880
150	2390	1890

Zwischenwerte sind geradlinig einzuschalten und auf volle cm aufzurunden.

auf der freien Strecke im Bereich von Nachspannungen und in Bahnhöfen bei

$V \leq 160$ km/h: 6,10 m ü SO
160 km/h $< V \leq 200$ km/h: 6,40 m ü SO
$V > 200$ km/h: 7,90 m ü SO

Bei nicht elektrifizierten Strecken beträgt die lichte Höhe 4,90 m ü SO.

Zusätzlich zu den angegebenen Werten sind Zuschläge bei überhöhten und geneigten Gleisen zu berücksichtigen.

13 – Widerlager, Pfeiler und Stützen haben von der benachbarten Gleismitte folgende Abstände einzuhalten:

$V \leq 200$ km/h: in den Geraden und in Krümmungen an der
     Bogeninnenseite: 3,50 m
     in Krümmungen an der Bogenaußenseite je
     nach Überhöhung: bis zu 3,80 m
$V > 200$ km/h: in den Geraden und in Krümmungen an der
     Bogeninnenseite: 4,50 m
     in Krümmungen an der Bogenaußenseite je
     nach Überhöhung: bis zu 4,80 m

3.2 Bundesfernstraßen

14 – Bei Eisenbahnbrücken ist eine lichte Höhe von mindestens 4,70 m vorzusehen.

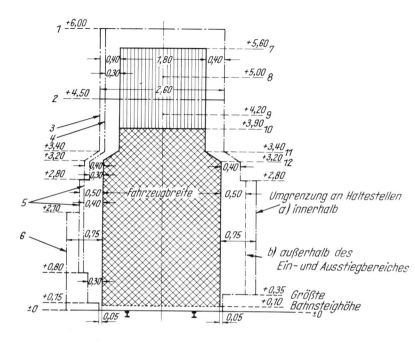

1 Übliche Lichtraumhöhe (über öffentlichen Straßen jeweils 0,40 m größer als Fahrdrahtanlage am Aufhängepunkt)
2 Kleinste Lichtraumhöhe bei Bauwerken
3 Umgrenzung für neue Anlagen
4 Umgrenzung für bestehende Anlagen
5 Umgrenzung bei Gleisen, die jedermann zugänglich sind
6 Umgrenzung bei Nischen oder Schutzräumen
7 Übliche Fahrdrahtanlage am Aufhängepunkt
8 Niedrigste Fahrdrahtanlage über öffentlichen Straßen (nach VDE 0115)
9 Niedrigste Fahrdrahtanlage am Aufhängepunkt unter Bauwerken
10 Höchste Lage des abgezogenen Stromabnehmers
11 Größte Wagenhöhe einschließlich der Aufbauten
12 Größte Höhe der Wagenseitenwand

Abb. 1.8 Lichtraumprofil Straßenbahnen

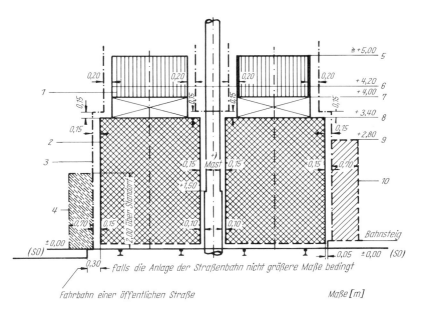

1. Arbeitsraum für Stromabnehmer
2. Fahrzeugbegrenzungslinie
3. Abstandsbegrenzungslinie für feste oder bewegliche Gegenstände (auch der Abstandsbegrenzungslinie anderer Schienenfahrzeuge)
4. Begrenzung bei Nischen und Sicherheitsräumen
5. Unterkante Fahrdraht im Verkehrsraum öffentlicher Straßen
6. Niedrigste Fahrdrahtanlage im Durchhang unter Bauwerken
7. Oberkante des abgezogenen Stromabnehmers
8. Größte Fahrzeughöhe (ohne Stromabnehmer)
9. über SO, jedoch mindestens 2,20 m über Bahnsteig
10. Abstand von festen Gegenständen (Treppen usw.), dieses Maß darf für Haltestellenschilder, Maste, Verkehrszeichen und Verkehrseinrichtungen um höchstens 0,35 m unterschritten werden.

Abb. 1.9 Mindestabstände bei Gleisen auf besonderem Bahnkörper innerhalb und außerhalb des Verkehrsraumes einer öffentlichen Straße

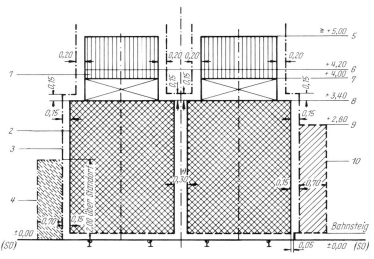

Maße [m]

1 Arbeitsraum für Stromabnehmer
2 Fahrzeugbegrenzungslinie
3 Abstandsbegrenzungslinie für feste oder bewegliche Gegenstände (auch der Abstandsbegrenzungslinie anderer Schienenfahrzeuge)
4 Begrenzung bei Nischen und Sicherheitsräumen
5 Unterkante Fahrdraht im Verkehrsraum öffentlicher Straßen
6 Niedrigste Fahrdrahtanlage im Durchhang unter Bauwerken
7 Oberkante des abgezogenen Stromabnehmers
8 Größte Fahrzeughöhe (ohne Stromabnehmer)
9 über SO, jedoch mindestens 2,20 m über Bahnsteig
10 Abstand von festen Gegenständen (Treppen usw.), dieses Maß darf für Haltestellenschilder, Maste, Verkehrszeichen und Verkehrseinrichtungen um höchstens 0,35 m unterschritten werden

Abb. 1.10 Mindestabstände bei Gleisen in der Fahrbahn einer öffentlichen Straße

1.2.3 Schiffahrtsöffnungen

Grundsätzlich bei Überbrückung von Schiffahrtswegen möglichst Beibehaltung des vollen schiffbaren Querschnitts der freien Strecke.
Die Abmessungen der Schiffahrtsöffnungen werden im Einzelfall von den zuständigen Wasser- und Schiffahrtsämtern festgelegt und müssen auch bei HSW (höchster schiffbarer Wasserstand) noch die Benutzung des Schiffahrtsweges ohne Einschränkung gestatten.

Die Größe der Schiffahrtsöffnung ist abhängig
- von der Art des Verkehrs (Fluß- oder Seeschiffahrt, Kanal) und von der
- Größe des Schiffes (Breite, Bewegungsspielraum, Seeschiffe mit großen Höhen, Flußschiffe mit niedrigen Höhen).

Die lichten Durchfahrtshöhen für Bundeswasserstraßen der Klasse IV sind in ARS vom 10.10.1977 festgelegt:

Bei Neu- und Umbau von Brücken mindestens 5,25 m über HSW.
Bei bestehenden Wasserstraßen mindestens 4,50 m über HSW.

Bei der Festlegung der lichten Durchfahrtsbreiten sind die im o.a. ARS angeführten Gesichtspunkte zu beachten.

1.3 Regel-Querschnitte für Brücken

Der Querschnitt der freien Strecke soll auch bei Brücken in der Regel beibehalten werden.

1.3.1 Straßenbrücken

Für *Straßen* nach RAS-Q (1.6.1) sind auf Bauwerken abweisende seitliche Schutzeinrichtungen vorzusehen. Soweit Rad- und Gehwege fehlen, ist ein Notgehweg von 75 cm Breite vorzusehen (Abb. 1.11).
Abb. 1.11a gilt für alle Regelquerschnitte mit einer Breite des unbefestigten Randstreifens auf der freien Strecke von 1,50 m, also für die Regelquerschnitte RQ 37,50 – 29 – 26 – 14 – 12 – 10, Abb. 1.11b für Bauwerke mit einer Breite des unbefestigten Randstreifens auf freier Strecke von 2,00 m.

auf Bauwerken mit Schutzplanken

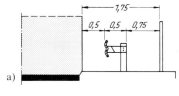

auf Bauwerken ohne Schutzplanken

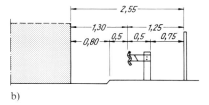

Abb. 1.11 Querschnittsausbildung auf Bauwerken
a) und c) für Breite des unbefestigten Weges von 1,50 m
b) für Breite des unbefestigten Weges von 2,00 m

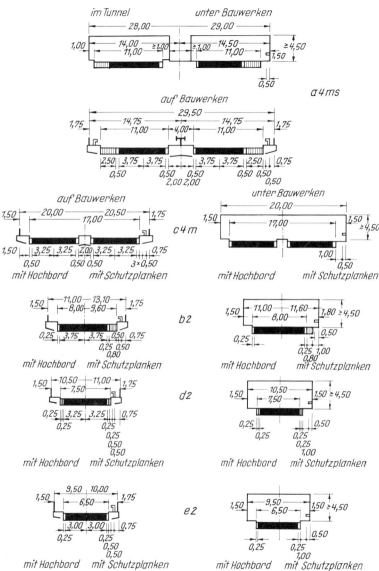

Abb. 1.12 Beispiele für die Ausbildung der Regelquerschnitte im Bauwerksbereich

Abbildung 1.12 zeigt Beispiele für die Ausbildung der Regelquerschnitte im Bauwerksbereich.

Die Regelbreite von Geh- und Radwegen ist in ARS 17/74 festgelegt.
Bei *Stadtstraßen* werden die Regelquerschnitte entprechend RASt-Q auch auf Brücken beibehalten. Breite der Fahrbahnen, der Geh- und Radwege, des Verkehrsraumes für Straßenbahnen können Abschn. 1.2 entnommen werden (Abb. 1.14).
Massive Straßenbrücken werden in der Regel als Deckbrücke hergestellt (obenliegende Fahrbahn).

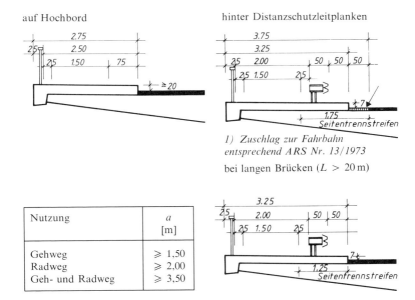

Abb. 1.13 Geh- und Radwege auf Brücken

1.3.2 Eisenbahnbrücken

Bei Eisenbahnbrücken muß das Lichtraumprofil eingehalten werden (Abb. 1.7), Gleisabstände in der Geraden und in Bögen sind wie auf freier Strecke einzuhalten (Abb. 1.15). Bei Schnellbahnstrecken (Abb. 1.16) ist der Gleisabstand in der Geraden auf 4,70 m vergrößert.

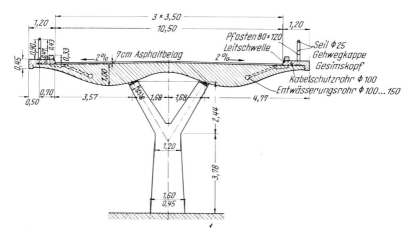

Abb. 1.14 Hochstraße über den Jan-Wellem-Platz, Düsseldorf

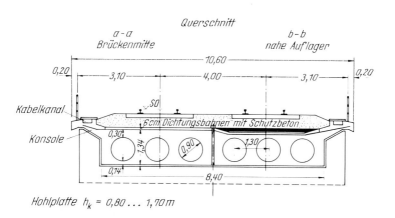

Abb. 1.15 Querschnitt 2gleisiger Eisenbahnbrücken

1.3.3 Straßenbahnen und Stadtbahnen

Straßenbahnen mit oder ohne eigenem Gleiskörper werden in die gleiche Ebene wie der Straßenverkehr gelegt. Bei beengten Verkehrsverhältnissen

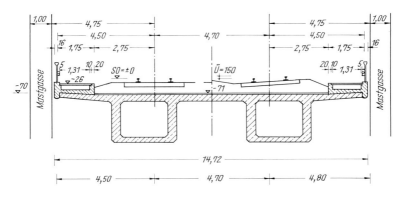

Abb. 1.16 Fahrbahnquerschnitt für 2gleisige Schnellbahnstrecken

werden im innerstädtischen Verkehr die Bahnen des öffentlichen Nahverkehrs unterirdisch geführt (U-Bahn, U-Strab). Nur in Ausnahmefällen, insbesondere in dünner besiedelten Randgebieten oder in Verkehrsknotenpunkten, wird der öffentliche schienengebundene Nahverkehr in Hochlage angeordnet. Gleisabstände und Lichtraumprofile (Abb. 1.17) sind auch auf Brückenbauwerken einzuhalten. Ein Dienst- und Fluchtweg ist zusätzlich bei längeren Bauwerken vorzusehen.

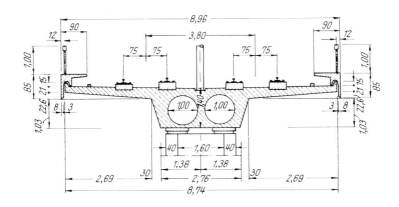

Abb. 1.17 Überbauquerschnitt des Ausführungsentwurfs für eine Stadtbahnbrücke in Köln

2 Lastannahmen

Lastannahmen für Straßen- und Wegebrücken sind in DIN 1072 festgelegt und für Eisenbahnbrücken in der DS 804, der Vorschrift für Eisenbahnbrücken und sonstige Ingenieurbauwerke (VEI) der Deutschen Bundesbahn, enthalten.
Brücken werden in erster Linie durch Eigenlast und die Verkehrslast beansprucht. Die Verkehrslasten sind idealisiert und je nach Verwendungszweck der Brücke (Straßenbrücke, Eisenbahnbrücke u. a.) so festgelegt, daß sie den wirklich auftretenden Belastungen und Einflüssen möglichst nahekommen. Entsprechend ihrer Bedeutung unterscheidet man Hauptlasten, Zusatzlasten und Sonderlasten. Die Lasten sind jeweils in ungünstigster Zusammenfassung zu überlagern und bilden den

- Lastfall H für Hauptlasten
- Lastfall Z für Zusatzlasten
- Lastfall A Sonderlasten aus Anprall und Bruch von Fahrleitungen
- Lastfall B Sonderlasten für Bauzustände
- Lastfall C Sonderlasten für Entgleisungen von Eisenbahnfahrzeugen
- Lastfall E Sonderlasten für Erdbebenwirkungen bei Eisenbahnbrücken

zusätzlich bei Straßenbrücken:

- Lastfall G Sonderlasten aus möglichen Baugrundbewegungen

Es sind folgende Lastfallkombinationen in jeweils ungünstigster Zusammenstellung zu ermitteln:

bei Straßenbrücken	bei Eisenbahnbrücken
Lastfall HZ	Lastfall HZ
Lastfall HA	Lastfall HA
Lastfall HB	Lastfall HB
Lastfall HG	Lastfall HE
Lastfall HZB	Lastfall HZB
Lastfall HZG	Lastfall HZE

Hauptlasten

- *Ständige Lasten*
  Eigenlasten der Bauteile
    Lasten des Überbaues
    Lasten des Fahrbahnbelages bei Straßenbrücken
    Lasten der Gleise und des Schotterbettes bei Brücken für Schienenfahrzeuge
    Lasten der Widerlager, Pfeiler und Stützen
    Lasten anderer ständig vorhandener Bauteile
  Ständige Erdlasten
  Ständige Lasten aus Wasserdruck, Versorgungsleitungen, Fahrleitungen und andere ruhende Lasten
- Vorspannung
- Kriechen und Schwinden (Wirkungen dürfen berücksichtigt werden, sie müssen berücksichtigt werden, wenn dadurch die Beanspruchungen ungünstiger werden)
- Verkehrsregellasten
  Straßenverkehr (SLW, Straßenbahn)
  Militärlastklassen
  Eisenbahn (Lastenzüge)
- wahrscheinliche Baugrundbewegungen
- Fliehkraft bei Eisenbahnbrücken
- Wasserdruckkräfte

Zusatzlasten

- Lastwirkungen aus Temperatur
- Windlasten
- Schneelasten (im allgemeinen nicht zu berücksichtigen)
- Anfahr- und Bremslasten
- Verschiebungswiderstände der Lager
- Lasten auf Geländer

für *Eisenbahnbrücken* zusätzlich

- mögliche Baugrundbewegungen
- Seitenstoß
- Nutzlast auf Gehstegen

Sonderlasten

- Bei Bauzuständen zeitweilig wirkende Lasten aus Baugeräten, Baustoffen, Bauwerksteilen u. ä. (z. B. Freivorbau, Taktschieben)
- mögliche Baugrundbewegungen bei Straßenbrücken

- Anprall von Straßenfahrzeugen
- Anprall von Eisenbahnfahrzeugen
- Seitenstoß auf Schrammborde und Leiteinrichtungen

für *Eisenbahnbrücken* zusätzlich

- Anprall von Schiffen
- Eisbelastungen
- Erdbebenwirkungen
- Bruch von Fahrleitungen
- Entgleisung von Eisenbahnfahrzeugen

2.1 Straßen- und Wegbrücken

Es gilt DIN 1072 (Ausgabe November 1967) mit den ergänzenden Bestimmungen (Fassung Januar 1976 sowie ARS Nr. 9/1982). Die Lastannahmen gelten für das Berechnen neuer und für das Nachrechnen bestehender Straßen- und Wegebrücken.

Die neue DIN 1072 liegt z. Z. als Entwurf vor (DIN 1072 E, Ausgabe August 1983). Die wesentlichen Änderungen gegenüber den bisherigen Lastannahmen, Einführung der Brückenklassen 60/30 und 30/30 als Ersatz der Brückenklassen 60 und 30, sind bereits in ARS 9/1982 enthalten. Im folgenden werden die Lastannahmen nach DIN 1072 E (8.83) angegeben, Abweichungen der bisherigen DIN 1072 (11.67) werden in ( ) gesetzt.

2.1.1 Ständige Lasten

Bei den Eigenlasten ist nach DIN 1072 E (8/83) zusätzlich eine Last von $0,5\,kN/m^2$ durchgehend über die gesamte Fahrbahnfläche für den Mehreinbau von Fahrbahnbelag beim Herstellen einer Ausgleichsgradiente anzusetzen.

2.1.2 Verkehrsregellasten

Die Straßen- und Wegebrücken sind in Brückenklassen eingeteilt, die Regellasten sind in DIN 1072 festgelegt (Tabelle 1 und 2).

DIN 1072 (11.67)   DIN 1072 E (8.83)

Brückenklasse $\left.\begin{array}{c}60\\30\end{array}\right\}$ (SLW) $\left.\begin{array}{c}60/30\\30/30\end{array}\right\}$ (SLW)

                   12   (LKW)

für das Nachrechnen bestehender Brücken

$$\left.\begin{array}{l}45\\24\end{array}\right\}(\text{SLW}) \qquad \left.\begin{array}{l}16/16\\12/12\\9/9\\6/6\\3/3\end{array}\right\}(\text{SLW})$$
$$\left.\begin{array}{l}16\\9\\6\\3\end{array}\right\}(\text{LKW})$$

Abmessungen, Rad- und Achslasten sowie Aufstandsflächen und Ersatzlasten für SLW 60 und 30 sowie für LKW 16, 12, 9, 6, 3 sind auch in DIN 1072 E (8.83) beibehalten worden, ebenso die Flächenlasten p_1 in der Hauptspur und p_2 außerhalb der Hauptspur.

Belastung der Brückenfläche

- Hauptspur: Regelfahrzeug und Flächenlast p_1 (vor und hinter Regelfahrzeug)
  Bei Einflußflächen gleichen Vorzeichens mit mehr als 30 m Länge Ersatzflächenlast p' statt Regelfahrzeug.
- Nebenspur: Neben dem Regelfahrzeug in der Hauptspur ein SLW 30, bei den Nachrechnungsklassen ein LKW der jeweiligen Brückenklasse, beide Regelfahrzeuge unmittelbar nebeneinander als Lastpaket auf gleicher Höhe. Flächenlast p_2 vor und hinter dem Regelfahrzeug. Reicht die außerhalb der Hauptspur liegende Fahrbahnfläche für eine ganze Nebenspurbreite nicht aus, so sind bei den Brücken der Klassen 16/16 bis 3/3 einzelne Radlasten des zweiten Regelfahrzeuges anzusetzen (siehe Erläuterungen Beiblatt 1).
  Beträgt bei den Brückenklassen 60/30 und 30/30 die Fahrbahnbreite weniger als 6,0 m, so sind auch einzelne Radlasten des SLW auf der Nebenspur nicht zu berücksichtigen.
- Außerhalb der Haupt- und Nebenspur: Flächenlast p_2
- Auf Geh- und Radwegen, Schrammbordstreifen und Mittelstreifen Flächenlast p_2.
- Für Belastung einzelner Bauteile (Gehwegplatten, Längsträger, Konsolen, Querträger usw.).
  Flächenlast $p_3 = 5,0\,\text{kN/m}^2$ oder Flächenlast p_2 mit Lasten im Fahrbahnbereich.

Wenn keine abweisenden Leiteinrichtungen vorhanden, dann einzelne Radlast $P = 50\,\text{kN}$ bis Geländerebene (Abb. 2.1 und 2.2, Aufstandsflächen wie Brückenklasse 30). Für Nachrechnungsklassen Radlast $P = 40\,\text{kN}$ (Aufstandsfläche wie Brückenklasse 12). Distanzschutzplanken gelten nicht als abweisende Leiteinrichtung.

Tabelle 1 *Verkehrsregellasten der Regelklassen*
(Maße in m)

Brückenklasse 60/30	Brückenklasse 30/30
Schwerlastwagen SLW 60 in HS (SLW) SLW 30 in NS	Schwerlastwagen SLW 30 in Hauptspur (SLW) SLW 30 in Nebenspur
mit Schwingbeiwert φ in der Hauptspur siehe Abschnitt 3.3.4	
Gesamtlast: 600 kN Radlast: 100 kN Aufstandsfläche: $0{,}20 \times 0{,}60$ Ersatzflächenlast: $p' = 33{,}3 \text{ kN/m}^2$	Gesamtlast: 300 kN Radlast: 50 kN Aufstandsfläche: $0{,}20 \times 0{,}40$ Ersatzflächenlast: $p' = 16{,}7 \text{ kN/m}^2$
	Eine einzelne Achslast 130 kN bei Brückenklasse 30/30 (siehe Erläuterungen zu Abschnitt 3.1 in Beiblatt 1 zu DIN 1072*))

2	Belastungssysteme für die Fahrbahnfläche zwischen den Schrammborden | HS $p_1=5kN/m^2$	SLW 60		SLW 30	$p_1=5kN/m^2$	3,0	HS
NS $p_2=3kN/m^2$	SLW 30		SLW 30	$p_2=3kN/m^2$	3,0	NS
	6,0			6,0		
			HS $p_1=5kN/m^2$		3,0	HS
			HN $p_2=3kN/m^2$		3,0	HN
			6,0				 Restflächen $p_2 = 3\,kN/m^2$ Restflächen $p_2 = 3\,kN/m^2$ HS = Hauptspur mit Schwingbeiwert φ NS = Nebenspur ohne Schwingbeiwert φ
3	Belastung (bis zum Geländer) von Geh-, Radwegen, Schrammbordstreifen, erhöhten oder baulich abgegrenzten Mittelstreifen (ohne Schwingbeiwert φ)
3.1	Flächenlast $p_2 = 3\,kN/m^2$ oder nach Zeile 3.3
3.2	Für die Belastung einzelner Bauteile, z. B. Gehwegplatten, Längsträger, Konsolen, Querträger, ist $p_3 = 5\,kN/m^2$ anzusetzen, wenn p_2 (Zeile 3.1) zusammen mit den Lasten im Fahrbahnbereich geringere Bemessungswerte ergibt.
3.3	Falls nicht gegen Auffahren durch starre, abweisende Schutzeinrichtungen gesichert, Radlast $P = 50\,kN$ mit Aufstandsfläche $0{,}20 \times 0{,}40$ (wie bei SLW 30), ohne Flächenlast gemäß Zeile 3.1 bzw. 3.2. Für das Nachrechnen bestehender Brücken gilt Radlast $P = 40\,kN$ nach Tabelle 2, Zeile 3.3. Dies bezieht sich auch auf Brücken der Brückenklasse 60, 45, 30, auch wenn sie in Brückenklasse 60/30 oder 30/30 eingestuft werden können.
4	Zuordnung zum Straßen- und Wegenetz[1]) Brückenklasse 60/30: BAB, B, L, K, S Brückenklasse 30/30: K, S, G, W

*) Z. Z. Entwurf
[1]) BAB = Bundesautobahnen; B = Bundesstraßen; L = Landesstraßen (Land- bzw. Staatsstraßen bzw. L. I. O); S = Stadt- bzw. Gemeindestraßen; K = Kreisstraßen (L. II. O); G = Gemeindewege; W = Wirtschaftswege

Tabelle 2 *Verkehrsregellasten der Nachrechnungsklassen*
(*Maße in m*)

1	Brückenklassen 16/16, 12/12[1], 9/9, 6/6 und 3/3								
	Lastkraftwagen LKW in der Hauptspur (LKW) LKW in der Nebenspur, gegebenenfalls auch einzelne Radlasten								
	mit Schwingbeiwert φ in der Hauptspur, siehe Abschnitt 3.3.4								
	Lastkraftwagen (LKW)							Eine einzelne Achslast	
			Vorderräder		Hinterräder		Einzel-achs-last	Auf-stands-breite b_3	
	Brücken-klasse	Gesamt-last	Rad-last	Auf-stands-breite b_1	Rad-last	Auf-stands-breite b_2			
		kN	kN	m	kN	m	kN	m	
	16/16	160	30	0,26	50	0,40	110	0,40	
	12/12	120	20	0,20	40	0,30	110	0,40	
	9/9	90	15	0,18	30	0,26	90	0,30	
	6/6	60	10	0,14	20	0,20	60	0,26	
	3/3	30	5	0,14	10	0,20	30	0,20	
	Aufstandslänge der Radlast in Fahrtrichtung = 0,20 m Aufstandsfläche jedes Rades in m² = 0,20 × Aufstandsbreite in m								

2	Belastungssysteme für die Fahrbahnfläche zwischen den Schrammborden					
			Rechnerische Hauptspurbreite = 3,00			Außerhalb der Hauptspur gleichmäßig verteilte Flächenlast p_2 kN/m²
		Brücken- klasse	Regelfahrzeug LKW		Ersatz- flächenlast p' kN/m²	Gleichmäßig verteilte Flächenlast p_1 kN/m²
			Gesamt- last kN			
	Restflächen mit p_2 belasten	16/16[2]	160		8,9	5,0	3,0
		12/12	120		6,7	4,0	3,0
	HS = Hauptspur mit Schwingbeiwert φ	9/9	90		5,0	4,0	3,0
	NS = Nebenspur ohne Schwingbeiwert φ	6/6	60		4,0	4,0	2,0
		3/3	30		3,0	3,0	2,0

3	Belastung (bis zum Geländer) von Geh-, Radwegen, Schrammbordstreifen, erhöhten oder baulich abgegrenzten Mittelstreifen (ohne Schwingbeiwert φ).
3.1	Flächenlast p_2 nach Zeile 2 oder nach Zeile 3.3.
3.2	Für die Belastung einzelner Bauteile, z. B. Gehwegplatten, Längsträger, Konsolen, Querträger, ist $p_3 = 5$ kN/m² anzusetzen, wenn p_2 (Zeile 3.1) zusammen mit den Lasten im Fahrbahnbereich geringere Bemessungswerte ergibt.
3.3	Falls nicht gegen Auffahren durch starre, abweisende Schutzeinrichtungen gesichert, Radlast $P = 50$ kN[3] mit Aufstandsfläche $0,20 \times 0,40$ (wie bei SLW 30) Radlast $P = 40$ kN[4] mit Aufstandsfläche $0,20 \times 0,30$ (wie bei LKW 12) (ohne Flächenlast gemäß Zeile 3.1 bzw. 3.2)

[1] Die Lastannahmen der Brückenklasse 12/12 für das Nachrechnen bestehender Straßen- und Wegbrücken können vom Baulastträger auch für das Berechnen neuer Brücken zugelassen werden.
[2] Es dürfen auch Werte aus Rechenwerken mit einer Aufteilung der Radlasten (Vorderachse : Hinterachse) im Verhältnis 1:2 benutzt werden.
[3] Für das Berechnen neuer Brücken der Brückenklasse 12/12
[4] Für das Nachrechnen bestehender Brücken der Brückenklasse 16/16 und 12/12

Belastung der *Geh- und Radwegbrücken* $p_3 = 5{,}0\,\text{kN/m}^2$
Wenn Stützweite $l \geq 10\,\text{m}$, $p_4 = 0{,}550 - 0{,}005\,l \leq 4{,}0\,\text{kN/m}^2$ [l in m]

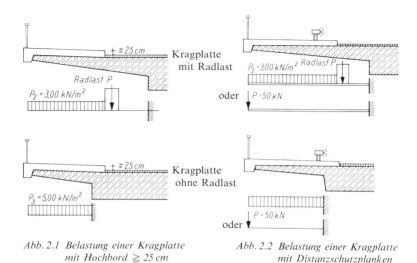

Abb. 2.1 *Belastung einer Kragplatte mit Hochbord ≥ 25 cm*

Abb. 2.2 *Belastung einer Kragplatte mit Distanzschutzplanken*

Schwingbeiwerte (DIN 1072, 3.3.4)

Der Schwingbeiwert beträgt für Straßenbrücken aller Bauweisen
bei Bauwerken ohne Überschüttung $\varphi = 1{,}4 - 0{,}008\,l_\varphi \geq 1{,}0$,
bei überschütteten Bauwerken $\varphi = 1{,}4 - 0{,}008\,l_\varphi - 0{,}1 \cdot h_\text{ü} \geq 1{,}0$.
Hierbei sind l_φ maßgebende Länge in m, $h_\text{ü}$ Überschüttungshöhe in m.
Für l_φ sind folgende maßgebende Längen einzusetzen:
Beim Berechnen der Schnittgrößen aus unmittelbarer Belastung eines Baugliedes die Stützweite bzw. die Länge der Auskragung dieses Baugliedes, bei kreuzweise gespannten Platten die kleinere Stützweite;
beim Berechnen der Schnittgrößen aus mittelbarer Belastung eines Baugliedes entweder dessen Stützweite oder die Stützweite der Tragglieder, durch welche die Verkehrslast auf das Bauglied übertragen wird; dabei darf der größere Wert für l_φ angesetzt werden;
bei durchlaufenden Trägern (auch mit Gelenken) das arithmetische Mittel aller Stützweiten; bei Lasten unmittelbar auf Kragarmen und in Feldern mit kleineren Stützweiten als der 0,7fachen größten Stützweite jedoch die Kraglänge bzw. die jeweilige kleinere Stützweite, unabhängig von der Lage des untersuchten Schnittes.

Tabelle 2.1 Berücksichtigung der Schwingbeiwerte

	Mit Schwingbeiwert φ	Ohne Schwingbeiwert φ
Lasten	– Verkehrslasten der Hauptspur – bei Schienenbahnen: Lastenzüge eines Gleises	– Verkehrslasten außerhalb der Hauptspur – Verkehrslasten von Gehweg- und Radwegbrücken – Verkehrslasten auf der Hinterfüllung von Bauwerken – Ersatzlasten für Seitenstoß

Bauteile	– Überbau Fahrbahnplatte
	                Querträger
	                Hauptträger
	– Lager
	– Auflagerquader und -bänke
	– Stützen
	  (schlanke Stahlbetonstützen mit geringer Eigenlast des Schaftes $<$ 300 kN
	  s. Erläuterung DIN 1072, 5.3.6)
		– Widerlager
		– Pfeiler (Eigenlast des Schaftes $\geqslant$ 300 kN)
		– Gründungskörper
		– Bodenfugen

Verkehrslasten in Sonderfällen (DIN 1072, 3.3.5)

(1) Gleichzeitig mit teilweiser Entfernung des Fahrbahnbelages und/oder Entfernung der Kappen – siehe Abschnitt 3.1.1, Absatz 5 – dürfen die Verkehrslasten als Zusatzlast behandelt werden; Abschnitt 2, Absatz 6, ist insoweit nicht anzuwenden (siehe Beiblatt 1 zu DIN 1072*)).

(2) Gleichzeitig mit der Verschiebung beim Auswechseln von Lagern (siehe Abschnitt 3.6) dürfen die Verkehrsregellasten (Schwingbeiwert ist zu berücksichtigen) auf die Hälfte abgemindert werden.

Brücken mit Schienenbahnen (DIN 1072, 3.3.6)

(1) Soweit auf Straßenbrücken Schienenbahnen auf getrenntem Gleiskörper verkehren, der von Straßenfahrzeugen nicht befahren werden kann, sind die Lastenzüge der Schienenbahnen und die Verkehrsregellasten der Straße gleichzeitig in ungünstigster Stellung anzusetzen.

(2) Ist der Gleisbereich auch für Straßenfahrzeuge befahrbar, so sind für die Verkehrslasten folgende Lastfälle je für sich zu untersuchen:

a) gleichzeitige Belastung durch Straßen- und Schienenlasten. Hierbei sind *entweder* zwei Gleise mit Schienenfahrzeugen in ungünstigster Zusammensetzung und die übrige Brückenfläche mit Flächenlast p_2 nach Tabelle 1 oder Tabelle 2,

Zeile 2, zu belasten, *oder* es sind auf einem Gleis Schienenfahrzeuge in ungünstigster Zusammensetzung anzunehmen, und die übrige Brückenfläche ist wie bei Straßenbrücken *ohne* Schienenbahnen nach Abschnitt 3.3.3 einschließlich Hauptspur zu belasten.

b) Belastung nur durch Straßenverkehrslasten auf der gesamten Fahrbahnfläche wie bei Straßenbrücken ohne Schienenbahnen.

Verkehrslasten zum Nachweis der Dauerschwingbeanspruchung (DIN 1072, 3.3.8)

Für in den Bemessungsnormen geforderte Nachweise der Schwingbreite sind die Schwankungen der Beanspruchung infolge häufig wechselnder Verkehrslast aus den Verkehrsregellasten (einschließlich Schwingbeiwert) unter Abminderung mit dem Beiwert α nach Bild 1 zu berechnen; für Lasten von Schienenfahrzeugen gilt α = 1,0 (siehe Beiblatt 1 zu DIN 1072*)).

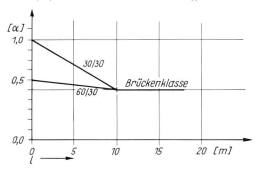

Bild 1 Abminderungsbeiwert α
  l = Stützweite bzw. Kragmaß (siehe Beiblatt 1 zu DIN 1072))*

2.1.3 Verkehrslasten auf Bauwerkshinterfüllungen (DIN 1072, 3.3.9)

Verkehrsflächen hinter Widerlagern, Flügelmauern und sonstigen an das Erdreich grenzenden Bauteilen sind mit den Verkehrsregellasten in ungünstigster Anordnung zu belasten. Anstelle der Einzellasten der Regelfahrzeuge darf mit den Ersatzflächenlasten p' gerechnet werden. Für die Ermittlung des Erddruckanteiles darf die Last unter 60° gegen die Waagerechte nach unten verteilt werden.

2.1.4 Schwinden des Betons (DIN 1072, 3.4)

Die Wirkungen aus Schwinden dürfen berücksichtigt werden. Sie müssen berücksichtigt werden, wenn dadurch die Beanspruchungen ungünstiger werden.

---

*) Zur Zeit Entwurf

2.1.5 Wahrscheinliche Baugrundbewegungen (DIN 1072, 3.5)

Die zu erwartenden Verschiebungen und Verdrehungen von Stützungen infolge *wahrscheinlich* auftretender Baugrundbewegungen sind zu ermitteln, die durch diese Baugrundbewegungen im Bauwerk entstehenden Wirkungen sind zu berücksichtigen. Soweit eine vollständige oder teilweise Wiederherstellung der planmäßigen Stützbedingungen vorgesehen ist, sind die vorübergehend zugelassenen Verschiebungen und Verdrehungen einzusetzen (siehe Beiblatt 1 zu DIN 1072*)).

2.1.6 Verschiebung beim Auswechseln von Lagern (DIN 1072, 3.6)

Für das Auswechseln von Lagern ist in den einzelnen Auflagerlinien je für sich die Verschiebung aus einem Anhebemaß zu berücksichtigen. Dieses Anhebemaß beträgt 1 cm, sofern nicht die gewählte Lagerbauart einen größeren Wert erfordert (wegen der gleichzeitig anzusetzenden Verkehrs- und Bremslast siehe Abschnitte 3.3.5, Absatz 2, und 4.4, Absatz 3, Abminderung der Verkehrs- und Bremslasten auf die Hälfte).

2.1.7 Zusatzlasten

● **Wärmewirkung** (DIN 1072, 4.1)

- als *Temperaturschwankung* eine gleichmäßige Änderung der Schwerpunktstemperatur aller Bauteile;
  (1) Gegenüber einer angenommenen Aufstelltemperatur von $+10\,°C$ sind Temperaturschwankungen für stählerne Brücken, Verbundbrücken und Betonbrücken nach Tabelle 3, Spalte 2, zu berücksichtigen. Bei Holzbrücken können Temperaturschwankungen unberücksichtigt bleiben (siehe Beiblatt 1 zu DIN 1072*)).
  (2) Bei Betonbauteilen, deren kleinste Dicke mindestens 70 cm beträgt oder die durch Überschüttung oder andere Vorkehrungen einer Temperaturschwankung weniger ausgesetzt sind, dürfen die Werte der Tabelle 3, Spalte 2, um je 5 K ermäßigt werden (siehe Beiblatt 1 zu DIN 1072*)).
- als *Temperaturunterschied* eine über die Bauteilhöhe oder -breite verlaufende Temperaturdifferenz;
  (1) Temperaturunterschiede sind in der Regel zu berücksichtigen durch Annahme eines linearen Temperaturgefälles zwischen den gegenüberliegenden Außenflächen eines Baukörpers, die aufgrund ihrer Lage unterschiedliche Temperaturen aufweisen können.
  (2) Die anzunehmenden Temperaturunterschiede in den Überbauten richten sich nach der Grundform des Querschnitts. Bei *Deckbrücken* sind die Temperaturunterschiede in lotrechter Ebene für stählerne Brücken, für Verbundbrücken und für Betonbrücken (Stahlbeton, Spannbeton) der Tabelle 3, Spalten 3 bis 6, zu entnehmen. Diese Temperaturunterschiede sind für die Berechnung in Längsrichtung und, soweit von Bedeutung, auch in Querrichtung zu beachten. Temperaturunterschiede in Grundrißebene brauchen in der Regel nicht berücksichtigt zu werde (siehe Beiblatt 1 zu DIN 1072*)).

---

*) Zur Zeit Entwurf

(3) Bei Überlagerung der Temperaturunterschiede nach Absatz 2 mit ungünstig wirkender Verkehrslast nach den Abschnitten 3.3.1 und 3.3.7 sind folgende Fälle nachzuweisen (siehe Beiblatt 1 zu DIN 1072*)):
a) volle Verkehrslast, 0,7facher Temperaturunterschied
b) voller Temperaturunterschied, 0,7fache Verkehrslast
(4) Temperaturunterschiede in Stützen, Pfeilern und dergleichen aus Beton sind, sofern von Bedeutung, mit 5 K in waagerechter Ebene anzusetzen.
— als *ungleiche Erwärmung* ein Temperatursprung zwischen den Schwerachsen einzelner Bauteile, die keinen durchgehenden Verbund haben.
In besonderen Fällen ist eine ungleiche Erwärmung verschiedener Bauteile zu berücksichtigen. Als ungleiche Erwärmung verschiedener Teile von stählernen Brücken und Verbundbrücken (z. B. Zugband und Bogen, Seile und Versteifungsträger, Ober- und Untergurt von Fachwerken) ist ein Temperatursprung von ± 15 K anzusetzen. Der gleiche Wert gilt auch für die ungleiche Erwärmung zwischen Beton- oder Holzkonstruktionen und freiliegenden Stahlteilen (z. B. Spannbetonbrücke mit nicht einbetonierten Schrägseilen, Holzbrücke mit stählernem Zugband). Zwischen verschiedenen Betonteilen (z. B. Zugband und Bogen beim Zweigelenkbogen) ist eine ungleiche Erwärmung von ± 5 K zu berücksichtigen.

Tabelle 3 Temperaturschwankungen; lineare Temperaturunterschiede für Deckbrücken in lotrechter Ebene

1	2	3	4	5	6
Brückenart	Temperaturschwankungen gegenüber angenommener Aufstelltemperatur +10 °C K	Lineare Temperaturunterschiede			
		Oberseite wärmer als Unterseite		Unterseite wärmer als Oberseite	
		Bauzustände, ohne Belag, ohne Schutzmaßnahmen K	Endzustand, mit Belag K	Bauzustände, ohne Belag, ohne Schutzmaßnahmen K	Endzustand, mit Belag K
Stählerne Brücken	± 35	15	10	5	5
Verbundbrücken	± 35	8	10	7	7
Betonbrücken	+20 −30	10	7	3,5	3,5

Temperaturschwankungen, Temperaturunterschiede und ungleiche Erwärmung verschiedener Bauteile sind zu überlagern. Dabei werden jedoch die größten

---

* Zur Zeit Entwurf

Differenzen zwischen den Randtemperaturen zweier beliebiger Bauteile begrenzt
a) bei stählernen Brücken, Verbundbrücken und bei Betonbrücken mit freiliegenden Stahlteilen auf 20 K
b) bei Betonbrücken zwischen verschiedenen Betonbauteilen auf 10 K

● **Windlast** (DIN 1072 E, 4.2)

Windrichtung und Windlast waagerecht.
Bei stärker geneigten Flächen rechtwinklig zu diesen.
$w' = w \cdot \sin \cdot a$
Windlasten nach DIN 1072 E, Tabelle 4.

Tabelle 4: Windlasten auf Brücken

	1	*2*	*3*	*4*
		Windlast bei		
	Höhenlage H der Windangriffsfläche über Gelände m	Lastfall ohne Verkehr Überbau ohne Lärmschutzwand, Pfeiler, Stützen kN/m^2	Lastfall ohne Verkehr Überbau mit Lärmschutzwand kN/m^2	Lastfall mit Verkehr Überbau mit oder ohne Lärmschutzwand, Pfeiler, Stützen kN/m^2
1	0 bis 20	1,75	1,45	0,90
2	20 bis 50	2,10	1,75	1,10
3	50 nis 100	2,50	2,05	1,25

Die Windlast ist – ohne Überlagerung beider Fälle – jeweils in Brückenquerrichtung und in Brückenlängsrichtung anzusetzen.
Die Windlast darf zur Vereinfachung im allgemeinen als auf die gesamte Windangriffsfläche gleichmäßig verteilte Last angesetzt werden, wobei sie mit dem jeweils ungünstigsten Zustand aus den sonstigen Lasten zu überlagern ist. Bei Untersuchungen der Brücke mit Verkehr können die lotrechten Verkehrslasten entlastend wirken; sie sind in diesem Fall als Streckenlast mit höchstens 5 kN/m in der Achse der Hauptspur anzunehmen.
Windangriffsflächen sind entsprechend Abb. 2.3 anzusetzen.

Die Windlast in Bauzuständen[2] darf auf die 0,7fachen Werte der Tabelle 4, Spalte 2, abgemindert werden (siehe Beiblatt 1 zu DIN 1072*).
Bei Bauzuständen, die nicht länger als einen Tag dauern, darf die Windlast auf die 0,2fachen Werte der Tabelle 4, Spalte 2, abgemindert werden, wenn sichergestellt

---

[2]) Die Windlast in Bauzuständen gilt nach Abschnitt 2, Absatz 5, als Hauptlast.
*) Zur Zeit Entwurf

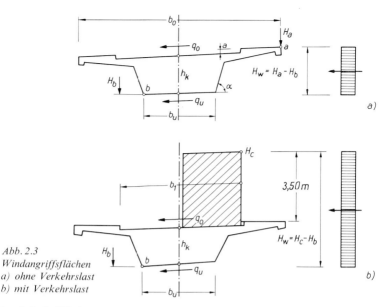

Abb. 2.3
Windangriffsflächen
a) ohne Verkehrslast
b) mit Verkehrslast

ist, daß die Windgeschwindigkeit während dieser Zeit < 20 m/s ist. Hierzu ist es notwendig, die Wetterlage festzustellen, den Wetterverlauf zu beobachten und rechtzeitig durchführbare Sicherungsmaßnahmen für den Fall vorzusehen, daß die Windgeschwindigkeit den oben angegebenen Wert überschreitet.

In Bauzuständen kann es – insbesondere bei weit auskragenden Konstruktionen – erforderlich sein, auch lotrechte Komponenten der Windlast zu berücksichtigen.

Bei Freivorbau des Überbaues in zwei Richtungen und ähnlich empfindlichen Bauzuständen, in denen die Annahme ungleichförmig über die Windangriffsflächen verteilter Windlasten zu ungünstigeren Beanspruchungen führt, ist der eine Teil der Windangriffsfläche mit der vollen Windlast, der andere Teil mit der halben Windlast zu beaufschlagen. Die Teile sind so festzulegen, daß sich die jeweils ungünstigste Beanspruchung ergibt.

- **Bremslast** (DIN 1072 E, 4.4)

Bei Straßenfahrzeugen:

$H_{Br} = {}^1/_{10} \cdot p_2 \cdot b_F \cdot L$ p_2 Flächenlast nach Tabelle 1 oder 2
  b_F Fahrbahnbreite, höchstens 12 m ansetzen
  L Überbaulänge auf maximal 200 m begrenzt

oder

$H_{Br} = P/3$ P Lasten der Regelfahrzeuge in Haupt- und Nebenspur (ohne Schwingbeiwert)

Die Bremslast ist am festen Lager voll aufzunehmen.

Bei Schienenfahrzeugen:

$$H_{\text{Br}2} \sum_{0}^{50\,\text{m}} P_n/8 + \sum_{50\,\text{m}}^{\infty} P_n/20$$

d. h. auf den ersten 50 m $1/8$ aller Achslasten in diesem Bereich sowie $1/20$ der Achslasten für den über 50 m hinausgehenden Bereich.

Bei zweigleisigen Schienenbahnen ist die Bremslast für beide Gleise in gleicher Größe mit gleicher Richtung zu berücksichtigen.

Die Bremslast ist in Höhe der Straßenoberkante bzw. der Schienenoberkante wirkend anzunehmen. Sie darf vereinfachend in Höhe der Auflager angesetzt werden, wenn sich dadurch die Beanspruchungen nicht wesentlich ändern.

Soweit Bremskräfte über den Erdkörper auf das Bauwerk einwirken, darf mit einer Lastausbreitung in der Hinterfüllung unter $30°$ gerechnet werden. Ihre Wirkung braucht im allgemeinen nur in dem direkt betroffenen Bauteil (z. B. Kammerwand) einschließlich des Anschlusses an die benachbarten Bauteile verfolgt zu werden.

Die Bremslast darf unberücksichtigt bleiben, wenn sie offensichtlich ohne Einfluß auf die Sicherheit des Bauwerks bzw. Bauteils ist. Dies gilt z. B. für Bauwerke im Sinne von DIN 1075, Ausgabe April 1981, Abschnitt 6.2 (Gewölbe), und Abschnitt 7.1.2 (Widerlager in Verbindung mit dem Überbau).

Die Bremslast ist am festen Lager voll, also unter Vernachlässigung des Verschiebungswiderstandes der beweglichen Lager aufzunehmen.

Bei Fahrbahnübergängen[4] sind als Bremslast die 0,6fachen Werte der auf diese Teile entfallenden größten Radlasten entsprechend der Brückenklasse (siehe Tabelle 1 und Tabelle 2) anzusetzen. Als obere Grenze gelten dabei die 0,6fachen Werte aus Radlasten von 65 kN. Diese Bremslasten sind bis in die angrenzenden Bauteile zu verfolgen (siehe Beiblatt 1 zu DIN 1072*)).

- **Verschiebungswiderstände von Lagern und Fahrbahnübergängen** (DIN 1072, 4.5)

Die Bewegungswiderstände von Roll- oder Gleitlagern und Verformungswiderstände von Verformungslagern können dem Zulassungsbescheid der Lager bzw. DIN 4141*) entnommen werden.

Bewegungswiderstände von Lagern für lotrechte Lasten sind mit der Lagerkraft aus ständigen Lasten zu berechnen; soweit die Bewegungswiderstände nicht entlastend wirken, ist zusätzlich die halbe Verkehrsregellast nach Tabelle 1 oder Tabelle 2 und die volle Verkehrslast von etwa vorhandenen Schienenfahrzeugen (jeweils ohne Schwingbeiwert) zu berücksichtigen.

Bei Verformungslagern sind für die Bemessung des Bauwerks Verformungswiderstände aus einer waagerechten Verformung der Lager von 1 cm als Mindestwert für jede Bewegungsrichtung anzusetzen.

---

[4]) Die Bremslast gilt nach Abschnitt 2, Absatz 5, in diesem Falle als Hauptlast.
*) Zur Zeit Entwurf

Die Reaktionskräfte aus Verschiebungswiderständen und Schiefstellungen sind an den festen Lagern anzusetzen. Für die Überlagerung des Einflusses mehrerer Lager und/oder Bauteile nach Absatz 4, Aufzählung b, gelten die Regeln von DIN 4141 Teil 1*). Bei Bauteilen nach Absatz 4, Aufzählung c, sind die Reaktionskräfte aus den planmäßigen und den ungewollten Schiefstellungen in ungünstigster Kombination voll auf die festen Lager wirkend anzunehmen.

Die Reaktionskräfte an den festen Lagern aus Lagerverschiebungswiderständen und Bremslast sind zu überlagern, wenn kein genauer Nachweis geführt wird (siehe Beiblatt 1 zu DIN 1072*).

Verformungswiderstände von Fahrbahnübergängen sind zusätzlich zu den übrigen Lastfällen zu berücksichtigen (siehe Beiblatt 1 zu DIN 1072*).

- **Lasten auf Geländer**

Die Geländer sind waagerecht in Holmhöhe nach außen und nach innen mit 0,8 kN/m zu belasten. Werden Geländer durch sonstige Lasten beansprucht (z. B. Leuchteinrichtungen, Rollenlasten von Besichtigungswagen), so sind diese zu berücksichtigen.

- **Lasten aus Besichtigungswagen**

Lasten aus Besichtigungswagen sind entsprechend der vorgesehenen Nutzung und Betriebsweise anzusetzen.

2.1.8 Sonderlasten

- **Sonderlasten aus Bauzuständen** (DIN 1072 E, 5.1)

a) Im Bauzustand vorhandene Haupt- und Zusatzlasten, Lasten der Baugeräte und Rüstungen sowie etwa gelagerter Baustoffe und Bauwerksteile.
b) Unplanmäßige Horizontalkräfte aus unvermeidbaren Imperfektionen. Gegen diese ist das Bauwerk in allen Bauzuständen einschließlich Hebe- und Absenkvorgängen in Längs- und Querrichtung zu sichern; sie sind in allen vorhandenen Bauteilen einschließlich Hilfsunterstützungen zu verfolgen. Wird kein genauerer Nachweis erbracht, sind sie aus einer ungewollten Schiefstellung der Bauwerksteile bzw. der Hilfsunterstützungen von 1 Prozent zu berechnen.
c) Alle Einflüsse aus Montagemaßnahmen, wie z. B. das Heben und Senken von Unterstützungen.

Die Sonderlasten aus Bauzuständen gelten als Hauptlasten. Bei Anwendung der Regel nach Abschnitt 2, Absatz 6, sind sie wie ständige Lasten zu werten.

- **Mögliche Baugrundbewegungen**

Die Verschiebungen und Verdrehungen von Stützungen infolge *möglicherweise* auftretender Baugrundbewegungen sind zu ermitteln; die bei ungünstigster Zusammenstellung im Bauwerk entstehenden Wirkungen sind in Überlagerung mit den

---

* Zur Zeit Entwurf

Haupt- und gegebenenfalls Zusatzlasten – jedoch ohne die wahrscheinlichen Baugrundbewegungen – nach Angabe der Bemessungsnormen zu berücksichtigen. Soweit vorgesehen ist, die planmäßigen Stützbedingungen ganz oder teilweise wiederherzustellen, gilt Abschnitt 3.5 sinngemäß (siehe Beiblatt 1 zu DIN 1072 [Entwurf August 1983], Abschnitt 3.5).

- **Ersatzlasten für den Anprall von Straßenfahrzeugen** (DIN 1072, 5.3)

Tragende Stützen, Rahmenstiele, Endstäbe von Fachwerkträgern oder dgl.

a) in der Regel für Fahrzeuganprall zu bemessen *und* durch besondere Maßnahmen*) zu sichern;
b) in bzw. neben Straßen innerhalb geschlossener Ortschaften mit Geschwindigkeitsbeschränkung auf 50 km/h und weniger sowie immer neben Gemeindewegen und Hauptwirtschaftswegen für Fahrzeuganprall zu bemessen[6];
c) wenn sie durch ihre Lage gegen die Gefahr des Anprallens geschützt sind, *weder* für Fahrzeuganprall zu bemessen *noch* durch besondere Maßnahmen zu sichern.

Für Fahrzeuganprall sind neben den ungünstig wirkenden Hauptlasten nach Abschnitt 3 folgende waagerechten Ersatzlasten in 1,2 m Höhe über Fahrbahnoberfläche anzusetzen:

in Fahrtrichtung ± 1 MN
rechtwinklig zur Fahrtrichtung 0,5 MN

Eine gleichzeitige Wirkung beider Ersatzlasten braucht nicht angenommen zu werden. Der Kraftverlauf muß in den unmittelbar betroffenen Bauteilen einschließlich der an ihren Enden angeordneten Lager oder Anschlüsse verfolgt werden.

- **Ersatzlasten für den Seitenstoß auf Schrammborde und seitliche Schutzeinrichtungen**

Schrammborde und seitliche Schutzeinrichtungen an Fahrbahnen – z.B. Brüstungswände – sind jeweils mit einer Ersatzlast für den Seitenstoß nach Tabelle 5 zu belasten. Diese Ersatzlasten sind miteinander nicht zu überlagern und ohne Schwingbeiwert anzusetzen (siehe Beiblatt 1 zu DIN 1072**).

---

*) Als „Besondere Maßnahmen" im Sinne von Abschn. 5.3 gelten abweisende Schutzeinrichtungen, die in mindestens 1 m Abstand von den zu schützenden Bauteilen durchzuführen sind, oder Betonsockel neben den zu schützenden Bauteilen, die mindestens 80 cm hoch sein und parallel zur Verkehrsrichtung mindestens 2 m und rechtwinklig dazu mindestens 50 cm über die Außenkante dieser Bauteile herausragen müssen.

[6] Bestehende Bauteile, die nicht gegen Fahrzeuganprall bemessen wurden, sind durch besondere Maßnahmen zu sichern.

**) Zur Zeit Entwurf

Die Ersatzlast ist waagerecht und rechtwinklig zur Fahrbahn 0,05 m unter Oberkante Bauteil, höchstens jedoch in 1,20 m Höhe über dem Fahrbahnrand anzusetzen. Die Einzellast darf in eine 0,5 m lange Linienlast aufgelöst werden. In steifen Bauteilen darf mit einer Lastausstrahlung unter 45° gerechnet werden. Entlastend wirkende Verkehrs- und Zusatzlasten dürfen gleichzeitig nicht in Ansatz gebracht werden.

Tabelle 5 Ersatzlasten für den Seitenstoß

1	2	3
Brücken-klasse	Ersatzlast bei Schrammboden und Schutzeinrichtungen, die direkt angefahren werden können kN	Brüstungen und dgl., die mehr als 1,0 m hinter Distanz-schutzplanken liegen kN
60/30	100	50
30/30	50	25
16/16 bis 3/3	Radlast eines Hinterrades	Halbe Radlast eines Hinterrades

Die Aufnahme des Seitenstoßes ist nach Maßgabe der Bemessungsnormen in der Regel nachzuweisen für (siehe Beiblatt 1 zu DIN 1072*)):
a) das gestoßene Bauteil selbst;
b) das unmittelbar unterstützende Bauteil.
Für Distanzschutzplanken selbst einschließlich Pfosten und Anschlüsse erübrigt sich der Nachweis. Sofern die Bemessung der unmittelbar unterstützenden Bauteile eine Lastangabe erforderlich, ist an jedem Pfosten mit einer Ersatzlast von 25 kN zu rechnen, die in Mitte Schutzplanke angreift.

2.1.9 Besondere Nachweise (DIN 1072, 6)

Bewegungen an Lagern und Fahrbahnübergängen

Die Bewegungen an Lagern und an Fahrbahnübergängen sind für den Gebrauchszustand zu ermitteln. Dabei sind folgende Einflüsse in ungünstigster Zusammenstellung nach den Berechnungsgrundlagen der Abschnitte 3, 4 und gegebenenfalls 5 zu berücksichtigen, wobei auch Bauzustände zu beachten sind:
a) beim Überbau: Wärmewirkungen, Vorspannung (einschließlich Kriechen), Schwinden des Betons sowie Einflüsse aus der Durchbiegung (Tangentendrehwinkel an den Auflagerpunkten);

---

* Zur Zeit Entwurf

b) bei den Stützungen: Verschiebungen und/oder Verdrehungen (siehe Beiblatt zu DIN 1072*)).

Für die Ermittlung der Bewegungen an beweglichen Lagern (ausgenommen Verformungslager) und an Fahrbahnübergängen, außerdem an solchen Pendeln bzw. Stelzen, bei denen eine Überschreitung der nach Absatz 1 berechneten Bewegungen zum Versagen führen würde, gelten zusätzlich folgende Regeln (siehe Beiblatt 1 zu DIN 1072*)):
a) Kriechen und Schwinden sind, soweit in ungünstigem Sinne wirkend, 1,3fach zu berücksichtigen.
b) Für das Einstellen der Lager und Fahrbahnübergänge ist nicht die Aufstelltemperatur von $+10\,°C$ nach Abschnitt 4.1, sondern die beim Herstellen der endgültigen Verbindung mit den festen Lagern vorhandene mittlere Bauwerkstemperatur zugrunde zu legen.
c) Für Temperaturschwankungen sind fiktive Temperaturbereiche nach Tabelle 6 zugrunde zu legen.

Tabelle 6 Fiktive Temperaturgrenzwerte

	1	2	3
	Brückenart	fiktive höchste Temperatur	fiktive tiefste Temperatur
1	Stählerne Brücken und Verbundbrücken	$+75\,°C$	$-50\,°C$
2	Betonbrücken und Brücken mit einbetonierten Walzträgern	$+50\,°C$	$-40\,°C$

d) In folgenden Fällen gelten Abweichungen von Tabelle 6 (siehe Beiblatt 1 zu DIN 1072*)):
 – In Bauzuständen und wenn Lager und Fahrbahnübergänge erst nach Herstellung der endgültigen Verbindung mit den festen Lagern aufgrund von Messungen der mittleren Bauwerkstemperatur genau eingestellt werden, dürfen die angegebenen Temperaturbereiche oben und unten bei Brücken nach Zeile 1 um je 15 K, bei Brücken nach Zeile 2 um je 10 K verkleinert werden.
 – Wird während des Bauvorganges der Festpunkt geändert, sind zusätzliche Unsicherheiten durch Vergrößerung der angegebenen Temperaturbereiche oben und unten um je 15 K bzw. 10 K bei der Berechnung für den endgültigen Zustand zu berücksichtigen.

---

* Zur Zeit Entwurf

- **Lagesicherheit**

Der Nachweis der Lagesicherheit umfaßt die Nachweise der Sicherheit gegen Gleiten, Abheben und Umkippen. Die Lagesicherheit ist, sofern sie nicht zweifelfrei feststeht, nachzuweisen für Lagerfugen (ohne und mit Verankerungen) und für Gründungsfugen.
Die Sicherheit gegen Gleiten in der Lagerfuge ist nach DIN 4141 Teil 1*), die Sicherheit gegen Gleiten in der Gründungsfuge nach DIN 1054 nachzuweisen.

Tabelle 7 *Last-Sicherheitsbeiwerte γ_f für den Nachweis der Sicherheit gegen Abheben und Umkippen*

	1	2
	Lasten	γ_f
1	Alle Lasten, soweit keine andere Angabe	1,3
2	Ständige Lasten (ausgenommen Erddruck) a) günstig wirkend b) ungünstig wirkend	0,95 1,05*)
3	Erddruck, günstig wirkend, soweit Berücksichtigung zulässig	0,7
4	Vorspannung des Tragwerks	1,0
5	Verschiebung beim Auswechseln von Lagern	
6	Wärmewirkungen	
7	Entlastend wirkende Verkehrslasten bei Windlast mit Verkehr nach Abschnitt 4.2.1, Absatz 4	
8	Mögliche Baugrundbewegungen (hier auch als Ersatz für den Einfluß der wahrscheinlichen Baugrundbewegungen)	
9	Sonderlasten aus Bauzuständen	1,5
10	Verschiebungswiderstände von Lagern und Fahrbahnübergängen	0
11	Lasten aus Besichtigungswagen	
*) Bei Holzkonstruktionen kann unterschiedliche Feuchte einen höheren Wert erfordern.		

---

* Zur Zeit Entwurf

Der Nachweis der Sicherheit gegen Abheben und Umkippen ist neben den in den Bemessungsnormen geforderten Nachweisen im Gebrauchszustand und/oder im rechnerischen Bruchzustand zu führen.

Für diesen Nachweis gelten die Last-Sicherheitsbeiwerte γ_f nach Tabelle 7. Grundlage sind die Gebrauchslasten in ungünstigster Zusammenstellung. In Bauzuständen sind gegebenenfalls auch lotrechte Windlastkomponenten zu berücksichtigen; Schneelasten sind auf ungünstigsten Teilflächen anzusetzen. Die Schnittgrößen sind mit den Steifigkeiten des Gebrauchszustandes zu berechnen. In den Nachweis einzuführende Lagerstellungen sind mit $\gamma_f = 1,0$ zu ermitteln.

Beträgt der Abstand zwischen den Widerlagern oder sonstigen eine Verdrehung des Überbaues verhindernden Lagerungen mehr als 50 m, so ist für den Nachweis der Sicherheit gegen Umkippen bei den Regelklassen 60/30 und 30/30 anstelle der Verkehrsregellasten nach Tabelle 1 und der Windlasten, falls ungünstiger, ein Lastfall zu berücksichtigen, bei dem ausschließlich die Fläche der Hauptspur mit $p_5 = 9,0 \, \text{kN/m}^2$ (ohne Schwingbeiwert) belastet ist.

Die Widerstands-Teilsicherheitsbeiwerte γ_m sind dem Anhang A zu entnehmen. Ersatzweise sind, soweit die Bemessung mit zulässigen Spannungen für den Gebrauchszustand erfolgt, dem Nachweis die nach Anhang A erhöhten zulässigen Spannungen zugrunde zu legen.

Sind bei Lagern, die aufgrund ihrer Konstruktion gegen Abheben empfindlich sind, Verankerungen erforderlich, müssen diese so vorgespannt sein, daß unter den mit den Last-Sicherheitsbeiwerten γ_f vervielfachten Lasten keine Ankerdehnung eintritt.

Anhang A

Zusätzliche Angaben zum Nachweis der Lagesicherheit
A.1 Vorbemerkung

Die nachfolgenden Angaben gelten für die Widerstände, die bei Straßen- und Wegbrücken dem Nachweis der Sicherheit gegen Abheben und Umkippen in Abstimmung mit Abschnitt 6.2 zugrunde zu legen sind. Die Angaben können in die entsprechenden Bemessungsnormen bei deren Neubearbeitung aufgenommen werden; der Anhang kann dann zu gegebener Zeit zurückgezogen werden.

A.2 Zusätzliche Angaben

Beim Nachweis der Sicherheit gegen Abheben und Umkippen nach Abschnitt 6.2 sind die Widerstands-Teilsicherheitswerte γ_m nach Tabelle A.1 bzw. die mit den Beiwerten nach Tabelle A.2 erhöhten, für den Lastfall H geltenden zulässigen Spannungen des Gebrauchszustandes einzuhalten.

Pressungen und Ankerkräfte sind nach den Bedingungen des Gleichgewichts und der Verträglichkeit der Formänderungen entsprechend den jeweils geltenden Werkstoffgesetzen zu ermitteln. Bei vorgespannten Ankern (z. B. Schrauben, Spannstähle) ist die Vordehnung 1,0fach einzusetzen.

Tabelle A.1: Widerstands-Teilsicherheitsbeiwerte γ_m

	1	2
	Baustoff	γ_m
1	Betonstahl, bezogen auf die Streckgrenze β_s	1,3
2	Spannstahl, bezogen auf die Streckgrenze $\beta_{0,5}$ (siehe Zulassungsbescheid)	
3	Beton, bezogen auf den Rechenwert der Druckfestigkeit $\beta_R = 0,6\,\beta_{WN}$ nach DIN 4227 Teil 1 (siehe auch Tabelle A.2, Zeile 4)	
4	Baugrund, Grundbruch; Nachweis nach DIN 4017 Teil 2, Ausgabe August 1979, Abschnitt 8.1 (Bezugsgröße: Last mit $\eta_p = \gamma_m$)	

Tabelle A.2: Beiwerte zur Erhöhung der im Gebrauchszustand für Lastfall H zulässigen Spannungen

	1	2
	Baustoff	Beiwert
1	Baustahl	1,3
2	Lager nach Normen der Reihe DIN 4141 (z. Z. Entwurf)	
3	Schrauben, bezogen auf DIN 18800 Teil 1, Ausgabe März 1981, Tabelle 10	
4	Beton – Teilflächenpressung, bezogen auf DIN 1075, Ausgabe April 1981, Abschnitte 8.2 und 8.3	
5	Holz	

2.1.10 Militärlastklassen

Für die militärische Einstufung von Straßenbrücken gilt
   STANAG 2021 (3. Ausgabe 1965) (Standardization Agreement)
   Richtlinien des BMV (Runderlaß vom 22. 7. 57 – StB 3) – (bt 3144 Vms 1957)
Belastungsannahmen für Militär-Brückenklassen, je ein
- Raupenfahrzeug (Tabelle 2.2 siehe Seite 45)
- Räderfahrzeug

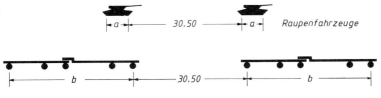

Abb. 2.4 Fahrzeugabstand für Militär-Lastklassen

Eine Auswertung der Militärlastklassen für die Einstufung von Brücken liegt vor*).

Es sind Lastenklassen zu ermitteln für
- Einbahnverkehr,
- Zweibahnverkehr.

Fahrzeugkolonne mit Fahrzeugabstand von 30,50 m (zwischen Raupen bzw. Achsen der Räderfahrzeuge) (Abb. 2.4).
Abstand der Kolonnenstreifen bei Zweibahnverkehr 0,50 m.
Geh- und Radwege nach DIN 1072 belasten.

Bei Berechnung von Widerlagern, Flügelmauern und Gewölben bis 5,00 m Spannweite kann mit Ersatzlast gerechnet werden (Tabelle 2.2).

Tabelle 2.2 Ersatzlasten für Militärklassen

Last-klasse	Raupenfahrzeug				Räderfahrzeug			
	Eigenlast [kN]	Länge [m]	Breite [m]	Ersatzlast [kN/m²]	Eigenlast [kN]	Länge [m]	Breite [m]	Ersatzlast [kN/m²]
50	453,6	6,50	3,25	21,5	272,2	4,22	2,84	22,5
60	544,3	6,70	3,50	23,0	326,6	4,52	3,25	23,0
70	635,0	7,00	3,70	24,5	381,0	4,52	3,35	25,0
80	725,8	7,00	3,80	27,5	435,4	4,52	3,51	27,5
90	816,5	7,00	4,00	29,0	489,8	4,52	3,51	31,0
100	907,2	7,30	4,00	31,0	544,4	4,83	3,66	31,0
120	1088,6	7,90	4,40	31,5	653,2	4,83	3,91	34,5
150	1360,8	9,10	4,80	31,5	762,0	5,13	4,06	37,0

Schwingbeiwert nach DIN 1072, jedoch nach oben begrenzt:
Räderfahrzeuge $\varphi \leq 1,25$
Raupenfahrzeuge $\varphi \leq 1,10$

---

*) Homberg, Berechnung von Brücken unter Militärlastklassen, Werner-Verlag, Düsseldorf, 1970.

Bremslasten für Militärfahrzeuge

Bei allen Brücken, die nach den Militärlastklassen eingestuft werden müssen, sind neben den Lasten nach DIN 1072 noch folgende Bremslasten zu berücksichtigen (ARS BMV v. 21. 9. 1964 – StB 3 – lbn – 2142 Vms 63):

Tabelle 2.3 Bremslasten für Militärlastklassen

Bremslasten für Schwerstfahrzeuge > MLC 50 bis $\leq$ MLC 100	
Überbaulänge [m]	Bremslast [kN]
$\leq$ 100 > 100 $\leq$ 200 > 200	3 · 1 · MLC-Klasse 3 · 2 · MLC-Klasse 3 · 3 · MLC-Klasse
Bremslasten für Schwerfahrzeuge $\leq$ MLC 50	
Überbaulänge [m]	Bremslast [kN]
$\leq$ 40 > 40 $\leq$ 80 > 80 $\leq$ 120 > 120	3 · 1 · MLC-Klasse 3 · 2 · MLC-Klasse 3 · 3 · MLC-Klasse 3 · 4 · MLC-Klasse

Die Möglichkeit des gleichzeitigen Anfahrens und Bremsens beim zweipurigen Verkehr nach den RIST für $\leq$ MLC 50 sowie beim zweibahnigen Verkehr für $\leq$ MLC 100 wird bei Ermittlung der Bremslasten vernachlässigt.

2.2 Eisenbahnbrücken

Die Lastannahmen für Eisenbahnbrücken sind in der Vorausgabe (DS 804) der Vorschrift für Eisenbahnbrücken und sonstigen Ingenieurbauwerke (VEI) festgelegt, die im folgenden auszugsweise wiedergegeben ist. Die endgültige Fassung der Vorschrift wird voraussichtlich 1982 erfolgen.

Für Brücken der DB Verkehrslasten nach Lastbild UIC 71 (Union International des Chemins de Fer) VEI, 3 (15–157).

24 – Bei Tragwerken von Eisenbahnbrücken sind in Lastfällen HZ nur folgende Zusatzlasten gleichzeitig anzusetzen
– Wärmewirkungen, Anfahr- und Bremskräfte und Verkehrslast auf öffentlichen Gehwegen oder

- Wärmewirkungen, mögliche Baugrundbewegungen und Verkehrslast auf öffentlichen Gehwegen oder
- Windlast, Seitenstoß und mögliche Baugrundbewegungen oder
- Anfahr- und Bremskräfte und mögliche Baugrundbewegungen

25 – Im Lastfall HZB sind alle möglichen Zusatzlasten zu berücksichtigen.
Im Lastfall HZE ist die Lastkombination wie folgt anzunehmen:
- 100 % der Eigenlast
- 50 % der Verkehrslasten
- 50 % der Windlasten
- 125 % der Erddruckkräfte sowie
- 100 % der Ersatzlast für Erdbeben

2.2.1 Ständige Lasten (VEI 4.1)

32 – Für die Fahrbahn und die Signale sind folgende Eigenlasten anzusetzen

– eingleisige Fahrbahn mit durchgehendem Schotterbett nach Regelquerschnitt einschließlich Schwellen und Schienen	47,0 kN/m
– zweigleisige Fahrbahn mit durchgehendem Schotterbett nach Regelquerschnitt einschließlich Schwellen und Schienen	90,0 kN/m
– bei Abweichungen von Regelquerschnitt mit Bettung	
– zwei Schienen Form UIC 60	1,2 kN/m
– Spannbetonschwellen mit Kleineisen	4,8 kN/m
– Holzschwellen mit Kleineisen	1,3 kN/m
– Zuschlag zum vollen Bettungskörper für Schwellen jeder Art	1,0 kN/m
– Schotter	20,0 kN/m^3
– wenn keine Bettung vorhanden ist	
– Schienen Form UIC 60 mit Kleineisen	1,7 kN/m
– wie vor mit Brückenbalken und Führungen	3,4 kN/m
– Lichtsignal mit Arbeitsbühne in ungünstiger Bestückung	11,5 kN
– Formsignal	7,5 kN

- Für jede an einem Bauwerk befestigte Fahrleitung ist in der Richtung der Leitung eine Kraft von 20 kN anzusetzen, soweit nicht vom elektrotechnischen Dienst im Einzelfall ein genauer Wert angegeben wird.

34 – Der aktive Erddruck (E_a) bei nachgiebigen Wänden.
Als Voraussetzung zur Auslösung des aktiven Erddrucks ist mindestens eine Wandverdrehung mit einem Tangenswert von 0,0002 oder eine Wandverschiebung in der Größenordnung von 0,0005 h erforderlich, wobei mit h die frei Wandhöhe (z. B. von Aushubsohle bis OK Gelände) bezeichnet wird.
Der erhöhte aktive Erddruck (erh E_a) wird angesetzt, wenn die Voraussetzungen für den Erdruhedruck (E_0) nicht gegeben sind und der aktive Erddruck wegen eingeschränkter Wandbewegung nicht angesetzt werden darf.
Der Gültigkeitsbereich für den erhöhten aktiven Erddruck kann dem Erddruck-Weg-Diagramm entnommen werden.
Der Erdruhedruck (E_0) wird bei allen Bauteilen angesetzt, bei denen noch mit kleinen Verdrehungen bis zu einem Tangenswert von 0,0001 entsprechend einem horizontalen Verschiebungsweg von 0,0001·h gerechnet werden muß oder wenn Wandbewegungen in Erddruckrichtung weitestgehend verhindert werden sollen.

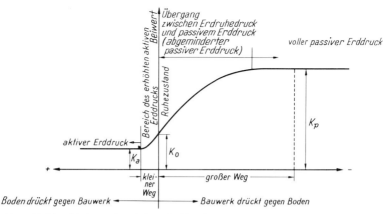

K_a = Erddruckbeiwert für aktiven Erddruck
K_0 = Erddruckbeiwert für Erdruhedruck
K_p = Erddruckbeiwert für passiven Erddruck

Abb. 2.5 Erddruck-Weg-Diagramm (Bild 2 VEI)

Der passive Erddruck (E_p) wird angesetzt, wenn Bauwerke oder Teile von Bauwerken gegen den Boden gedrückt werden.

In besonders gelagerten Fällen wird es notwendig sein, zu überprüfen, ob ein Verdichtungserddruck (E_v) angesetzt werden muß (vgl. Abs. 39).

Tabelle 1 Wandreibungswinkel bei bindigen und nichtbindigen Böden

Fall	Wandbeschaffenheit	Aktiver Erddruck	Passiver Erddruck Gleitflächen	
			eben	gekrümmt
		für alle φ' δ_a	$\varphi' \leq 30°$ δ_p	$\varphi' > 30°$ δ_p
a	rauhe Wände	$2/3\,\varphi'$	$2/3\,\varphi'$	φ'
b	weniger rauhe Wände	$1/3\,\varphi'$	$1/3\,\varphi'$	$1/2\,\varphi'$
c	glatte Wände	$0°$	$0°$	$0°$

38 – Der Erdruhedruck ist ohne Wandreibungswinkel anzusetzen.

Bei schmalen Baukörpern unter Erddruckbelastung ist mit den Werten gem. Abb. 2.6 zu rechnen.

b	B
$\leqslant$ 1,00 m 1,00–3,00 m > 3,00 m	$3b$ 3,00 m b

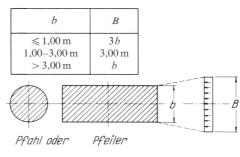

Abb. 2.6 Belastungsbreite schmaler Baukörper

2.2.2 Verkehrslasten (VEI 5.1, 52–77)

52 – Als Verkehrslast gilt für ein- und zweigleisige Tragwerke der regelspurigen Eisenbahnen das Lastbild UIC 71 (Abb. 2.7).

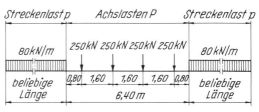

Abb. 2.7 Lastbild UIC 71

Bei Tragwerken ab 10 m Stützweite mit durchgeführter Regelfahrbahn dürfen die Einzellasten auf die Länge von 6,40 m durch eine Streckenlast von 156 kN/m ersetzt werden (vgl. Abs. 56).

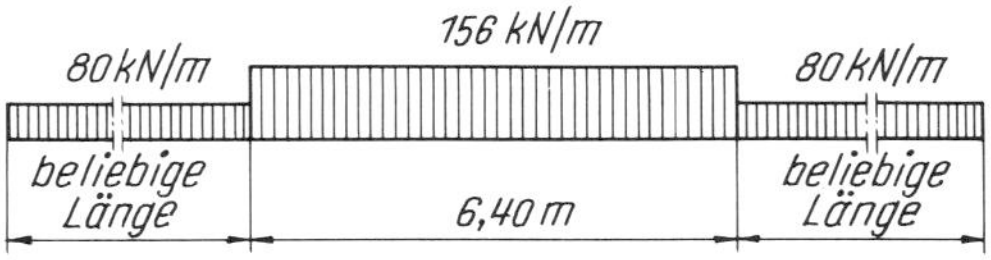

Abb. 2.8 Vereinfachtes Lastbild UIC 71

53 – Für Tragwerke und Bauteile, die von mehr als 2 Gleisen belastet werden, ist der jeweils ungünstigere der nachstehenden Fälle anzunehmen:

- jeweils 2 Gleise mit dem vollen Lastbild UIC 71 in ungünstigster Kombination belastet, wobei für alle übrigen Gleise keine Verkehrslast anzusetzen ist, oder

alle Gleise mit 73% des Lastbildes UIC 71 in ungünstigster Stellung belastet.

Jedes Bauteil ist unabhängig von der gegenwärtigen Gleislage für die geometrisch oder konstruktiv mögliche größte Gleiszahl in ungünstigster Lage zu berechnen. Hierbei ist der Regelabstand maßgebend.

55 – Zur Ermittlung der größten positiven und negativen Schnitt- und Stützgrößen oder Formänderungen und dgl. sind, soweit erforderlich, die Anzahl der Achsen des Lastbildes UIC 71 zu mindern und die Streckenlast zu teilen (vgl. Abb. 2.10).

56 – Für die Bemessung der Fahrbahnkonstruktion ist bei geschlossener Fahrbahn mit durchgehendem Schotterbett anstelle der Einzellasten des Lastbildes UIC 71 eine zur Gleisachse symmetrisch gelegene 3 m breite und 6,40 m lange Flächenlast von 52 kN/m² in Oberkante Fahrbahnkonstruktion anzusetzen.
Anstelle der Streckenlast von 80 kN/m ist eine 3 m breite Flächenlast von 26,7 kN/m² anzunehmen.

57 – Bei Tragwerken mit unmittelbarer Schienenlagerung und bei Hilfsbrücken darf für die Bemessung die Einzellast auf 3 Schienenstützpunkten nach Abb. 2.9 verteilt werden.

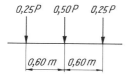

Abb. 2.9 Verteilung der Verkehrslast bei fehlendem Schotterbett

61 – Für den Lagesicherheitsnachweis von Tragwerken (vgl. Abs. 243–248) sind beim Ansatz der Windlasten die günstig wirkende Verkehrslast mit 13 kN/m ohne Schwingfaktor, die ungünstig wirkende Verkehrslast nach Abs. 52 mit Schwingfaktor anzunehmen.

62 – Die Verkehrslast für überschüttete Tragwerke ist unabhängig von der Gleislage als Flächenlast anzusetzen. Die Größe der Flächenlast richtet sich nach der Überschüttungshöhe.

Flächenlast bei überschütteten Tragwerken in kN/m²

$h_{ü}$	Anzahl der Gleise	
[m]	1	2 und mehr
0,50	52	52
1,50	48	48
$\geq 5,50$	20	30

Zwischen den Werten darf geradlinig interpoliert werden.

63 – Eine Verschiebung der Gleisachsen von der Sollage um ± 10 cm ist bei Tragwerken mit Schotterbett im Bereich der freien Strecke zu berücksichtigen. Bei Tragwerken im Bahnhofsbereich sind mögliche ungünstige Lagen der Gleisachsen und Weichenverbindungen anzunehmen.

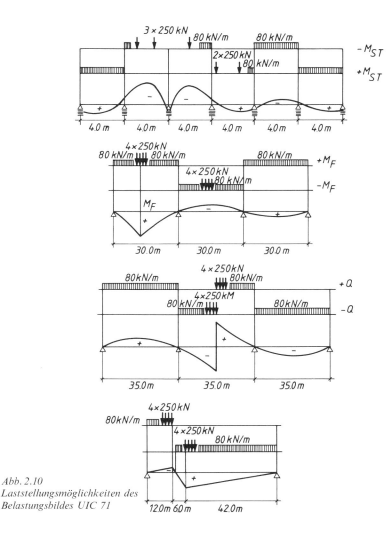

Abb. 2.10
Laststellungsmöglichkeiten des Belastungsbildes UIC 71

64 – Mit dem Schwingfaktor Φ sind nur die Schnitt- und Stützgrößen zu vervielfältigen, die aus dem lotrechten, statisch wirkend anzunehmenden maßgebenden Lastbild UIC 71 ermittelt werden.

Die mit dem Schwingfaktor vervielfachten Stützgrößen sind auch bei den in Zeile 15 der Tabelle 4 aufgeführten Bauteilen anzusetzen.

Tabelle 4 Maßgebende Längen l_Φ

Zeile	Fahrbahn		l_Φ
1	Geschlossene Fahrbahn Fahrbahnblech ⎫ Tragwirkung Fahrbahnplatte ⎬ rechtwinklig massiver ⎪ zu den Tragwerke ⎭ Hauptträgern		Stützweite des Fahrbahnblechs (Abstand der Längsrippen) oder der massiven Fahrbahnplatte (Abstand der Hauptträger)
2	Längsrippen und -träger		Abstand der Querträger $+ 3$ m
3	Querträger ohne Trägerrostwirkung		doppelter Abstand der Querträger $+ 3$ m
4	Querträger mit Trägerrostwirkung		Stützweite der Hauptträger bzw. doppelte Länge der Querträger; der kleinere Wert ist maßgebend
5	Endquerträger		4 m
6	Fahrbahnplatten		Für jede Haupttragrichtung sind die maßgebenden Längen entsprechend den Zeilen 1–5 zu bestimmen
7	Zwischenlängs- und Zwischenquerträger		Abstand der stützenden Träger
8	Querträgerkragarme Kragarme an massiven Fahrbahnplatten		wie Querträger (Zeile 3 oder 4)
9	Längsträgerkragarme		0,50 m
10	Hängestangen Stützen mit nur Querträgerbelastung		wie Querträger (Zeile 3 oder 4)
	Hauptträger		
11	eingleisiges Tragwerk	auf 2 Stützen	Stützweite der Hauptträger
12		durchlaufend über n Öffnungen	$l_\Phi = \dfrac{1}{n}(l_1 + l_2 + \ldots + l_n)$
13		Bogen	halbe Stützweite
14	mehrgleisiges Tragwerk		doppelte Stützweite nach 11 bis 13
15	Stahlstützen, Stützrahmen, Unterzüge, Lager, Gelenke, Zuganker, Auflagerbänke; für die Pressung unter Lagern und unter Auflagerbänken		Stützweite der gelagerten Brückenteile
16	Setzt sich die Gesamtspannung ein Baugliedes aus Anteilen mehrerer Tragaufgaben zusammen, z. B. bei Fahrbahnplatten oder Längsträgern, wenn sie auch für anteilige Spanngrößen der Hauptträger zu berechnen sind, so gilt für jeden Anteil der für ihn maßgebende Wert l_Φ mit Ausnahme des Falles 4.		

65 – Kein Schwingfaktor ist anzunehmen bei
– massiven Widerlagern, Pfeilern und Gründungskörpern
– lotrechten, günstig wirkenden Verkehrslasten im Lagesicherheitsnachweis (vgl. Abs. 61).

Tabelle 5 Schwingfaktor Φ für Tragwerke oder Tragwerksteile ohne Überschüttung

l_Φ [m]	$\leq 3{,}61$	4	5	6	7	8	9	10	11	12
Φ	1,67	1,62	1,53	1,46	1,41	1,37	1,33	1,31	1,28	1,26
l_Φ [m]	13	14	15	16	17	18	19	20	22	24
Φ	1,24	1,23	1,21	1,20	1,19	1,18	1,17	1,16	1,14	1,13
l_Φ [m]	26	28	30	35	40	45	50	55	60	≥ 65
Φ	1,11	1,10	1,09	1,07	1,06	1,04	1,03	1,02	1,01	1,00

Bei Tragwerken aus Walzträgern in Beton ist für die Bemessung der Querbewehrung $\Phi = 1{,}30$ einzusetzen.

68 – Der Schwingfaktor $\Phi_\text{ü}$ für überschüttete biegesteife Rohre beliebigen Durchmessers und biegeweiche Rohre mit Durchmesser $\leq 1{,}50\,\text{m}$ ist nach folgender Formel zu bestimmen:

$$\Phi_\text{ü} = 1{,}40 - 0{,}1\,(h_\text{ü} - 0{,}50) \geq 1{,}0$$

min $h_\text{ü}$ und $h_\text{ü}$ vgl. Abs. 62.
Bei anderen überschütteten Tragwerken ist der Schwingfaktor wie folgt zu ermitteln:

$$\Phi_\text{ü} = \Phi - 0{,}1\,(h_\text{ü} - 0{,}50) \geq 1{,}0$$

$h_\text{ü}$ vgl. Abs. 62.
Φ vgl. Tabelle 5, mit l_Φ = lichte Weite des überschütteten Tragwerkes.
70 – Für Kleinhilfsbrücken und Hilfsbrücken mit $v > 80\,\text{km/h}$ gelten folgende Schwingfaktoren:
für $l_\Phi \leq 7\,\text{m}$ $\Phi = 1{,}41$
71 – Werden Bauwerke oder Baubehelfe vorübergehnd mit Geschwindigkeiten $v_\text{i} < 80\,\text{km/h}$ befahren, darf der Schwingfaktor nach folgender Formel ermittelt werden:

$$\Phi_{v_\text{i}} = 1 + \frac{\Phi - 1}{80} \cdot v_\text{i} \qquad \text{mit } [v_\text{i}] = \text{km/h}.$$

Bei Schrittgeschwindigkeit ($v \leqq 5\,\text{km/h}$) darf $\Phi = 1{,}0$ angenommen werden.

73 – Im Bereich von Gleisbögen sind Fliehkräfte mitzuberücksichtigen. Abweichungen zwischen Gleis- und Brückenachse und Gleisüberhöhungsind einzubeziehen. Gleisüberhöhung nach DS 820 (ObV).

74 – Die im Massenschwerpunkt anzusetzende Fliehkraft beträgt:

für die Achslast $\qquad P_\text{H} = P\,\dfrac{v^2 \cdot f}{127 \cdot r}$

für die Streckenlast $\qquad p_\text{H} = p\,\dfrac{v^2 \cdot f}{127 \cdot r}$

für das Lastbild UIC 71 ergibt sich daher:

$$P_\text{H} = 1{,}97\,\frac{v^2 \cdot f}{r}\,[\text{kN}]$$

$$p_\text{H} = 0{,}63\,\frac{v^2 \cdot f}{r}\,[\text{kN/m}]$$

Es bedeuten:
v zulässige Höchstgeschwindigkeit in km/h
r Bogenhalbmesser in m
f Abminderungsfaktor nach Tabelle 6

Tabelle 6 Abminderungsfaktoren f

	v [km/h]			v [km/h]	
l [m]	$\leqq 120$	$120 < v \leqq 160$	l [m]	$\leqq 120$	$120 < v \leqq 160$
$\leqq 2{,}88$	1,0	1,00	20	1,0	0,83
3,0	1,0	0,99	30	1,0	0,81
4,0	1,0	0,96	40	1,0	0,80
5,0	1,0	0,93	50	1,0	0,79
6,0	1,0	0,92	60	1,0	0,79
7,0	1,0	0,90	70	1,0	0,78
8,0	1,0	0,89	80	1,0	0,78
9,0	1,0	0,88	90	1,0	0,78
10	1,0	0,87	100	1,0	0,77
12	1,0	0,86	150	1,0	0,76
15	1,0	0,85			

Für die Festlegung des Wertes f anzusetzende Länge l gilt:
- Bei Brücken, die auf ihrer Länge im Bogen liegen, die Stützweite des Tragwerkes oder die Länge der maßgebenden Einflußlinie des betreffenden Bauteils. Die Einflußlänge l für den Reduktionsfaktor ist in Anlage 3 (VEI) dargestellt.
- Bei Brücken, die teilweise im Bogen liegen, die Länge der maßgebenden Einflußlinie im Bogenbereich.

- Für die Fahrbahnteile ist $f = l$.
76 – Die Lage des Massenschwerpunktes ist 1,80 m über SO anzunehmen.
77 – Die Verkehrslast auf Dienstgehwegen und öffentlichen Gehwegen ist mit
- $5\,kN/m^2$ für die Berechnung der Gehwegtragteile (Gehwegplatten, Längsträger, Konsolen) und mit
- $3\,kN/m^2$ für die Berechnung der Hauptträger

auf voller Breite des Gehweges anzunehmen.

2.2.3 Zusatzlasten (VEI 5.2)

2.2.3.1 Allgemeine Einflüsse

Temperaturwirkungen, Windlast, Verschiebungswiderstände und Zwängungen aus Setzungen und Verdrehungen von Stützungen infolge möglicher Baugrundbewegungen wie bei Straßenbrücken; jedoch sind die Verschiebungswiderstände aus Lagern und Fahrbahnübergängen mit Brems- und Anfahrlasten nicht zu überlagern.

2.2.3.2 Anfahr- und Bremslasten (VEI 91 bis 92)

Von Oberkante Fahrbahnkonstruktion

$H_A = p \cdot l_A/4 \qquad p = 80\,kN/m$ (UIC 71)

$H_{Br} = p \cdot l_{Br}/8 \qquad l_A = 35\,m$

$\qquad\qquad\qquad l_{Br} =$ Länge des Tragwerks

Bei Brücken mit durchlaufendem Tragwerk über 300 m Länge ist in jedem Einzelfall zu entscheiden, ob die maßgebende Länge der Streckenlast begrenzt werden kann.
Es ist die größere Last aus Anfahren oder Bremsen anzusetzen.
Bei zweigleisigen Tragwerken ist anzunehmen, daß nur in einem Gleis gebremst und im zweiten gleichzeitig in entgegengesetzter Richtung angefahren wird.
Bei mehrgleisigen Tragwerken gelten die gleichen Lastannahmen in jeweils ungünstigster Stellung.

2.2.3.3 Seitenstoß (VEI 97)

Rechtwinklig zur Gleisanlage in Schienenoberkante

$H_s = 100\,kN$

Bei durchgehendem Schotterbett gleichmäßig in Gleisrichtung auf $l = 4,0\,m$ verteilt.
Bei Gleisen, die parallel zu Baugrubenwänden und Stützbauwerken verlaufen, darf bei der Berechnung dieser Wände die Last aus Seitenstoß auf eine Länge von $l = 2a + 4,0\,m$ verteilt werden. Das Maß a gibt hierbei den lichten Abstand zwischen Schwellenkopf und Wand an.

2.2.4 Sonderlasten (VEI 5.3, 100 bis 117)

2.2.4.1 Entgleisung von Eisenbahnfahrzeugen (VEI 100 bis 105)

100 – Bei allen Tragwerken mit Regelfahrbahn und einer Länge von mehr als 15 m sind zur Berücksichtigung entgleister Eisenbahnfahrzeuge Ersatzlasten nach Abs. 101 bis 105 anzusetzen.

101 – Als Ersatzlast 1 sind zwei Linienlasten mit einem Abstand von 1,40 m parallel zur Gleisachse innerhalb 2,10 m beiderseits der Gleisachse in ungünstigster Laststellung anzusetzen.

102 – Linienlasten auf eine Länge von 6,40 m mit je 50 kN/m und beiderseits anschließend mit je 25 kN/m, ohne Berücksichtigung des Schwingfaktors, in der in Brückenlängsrichtung ungünstigsten Laststellung. Für den Spannungsnachweis der Fahrbahnkonstruktion ist nur die außerhalb der Schwellen angreifende Linienlast maßgebend. Beim Spannungsnachweis der Hauptträger sind beide Linienlasten anzusetzen.

Die Linienlasten können in Höhe der Oberkante der Fahrbahnkonstruktion auf eine Breite von 0,45 m verteilt werden.

Fliehkräfte und Zusatzlasten brauchen hierbei nicht berücksichtigt zu werden.

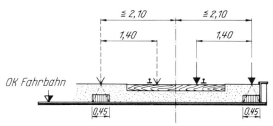

Bild 13 Querverteilung der Ersatzlasten

103 – Als Ersatzlast 2 ist eine vertikale, parallel zur Gleisachse an der seitlichen Fahrbahnbegrenzung angreifende Linienlast anzusetzen. Sie ist nur für den Nachweis der Lagesicherheit maßgebend und in der hierfür ungünstigsten Laststellung anzunehmen.

104 – Die Ersatzlast 2 ist auf eine Länge von 20 m mit 80 kN/m ohne Berücksichtigung des Schwingfaktors anzusetzen.

Fliehkräfte und Zusatzlasten brauchen hierbei nicht berücksichtigt zu werden.

105 – Bei zwei- und mehrgleisigen Tragwerken sind die Ersatzlasten bei demjenigen Gleis anzusetzen, bei dem sich für das Tragwerk oder für Tragwerksteile die ungünstigste Beanspruchung ergibt. Eine gleichzeitige Belastung der übrigen Gleise ist nicht erforderlich.

2.2.4.2 Anprallasten (VEI 108–117)

108 – Tragende Stützen sind je nach Art und Lage des Bauwerks und nach Wahrscheinlichkeit und Auswirkung eines Anpralls von Eisenbahnfahrzeugen

einer der folgenden drei Gruppen A, B oder C zuzuordnen, sofern sie nicht in Gleisnähe überhaupt vermieden werden können.

Gruppe A:
Die Stützen dieser Gruppe sind gegen die Gefahr eines Anpralls von Eisenbahnfahrzeugen als gesichert zu betrachten. Ihr sind zuzurechnen
– die Stützen von Brücken – auch in Bauzuständen – und sonstigen Überbauungen ohne Aufbauten, deren lichter Abstand von der Gleisachse in der Geraden und im Bogen mit $R \geqq 10000$ m mindestens 3,0 m und bei $R < 10000$ m mindestens 3,20 m beträgt oder die durch radabweisende Einrichtungen bzw. Führungen nach DS 820 gesichert sind.

An Strecken, bei denen ein Anheben der Geschwindigkeit über 160 km/h zu erwarten ist, sollte ein Stützenabstand von 3,50 m eingehalten werden.
– Stützen von Überbauungen mit Aufbauten, deren lichter Abstand von der Gleisachse $\geqq 7,0$ m ist.

Gruppe B:
– Zwischenstützen in Stützreihen von Brücken und sonstigen Überbauungen ohne Aufbauten, deren lichter Abstand zur Gleisachse zwar geringer als 3,0 m bzw. 3,20 m ist, deren lichter Abstand untereinander aber weniger als 8,0 m beträgt
– Stützen von Überbauungen mit Aufbauten, sofern ihr lichter Abstand zur Gleisachse 5,0 m bis 7,0 m beträgt.

Gruppe C:
– ohne Aufbauten, deren lichter Abstand zur Gleisachse geringer als 3,0 m bzw. 3,20 m ist
– in Stützreihen, deren lichter Abstand untereinander $\geqq 8,0$ m ist oder die am Anfang und Ende einer zur Gruppe B zählenden Stützenreihe stehen
– mit und ohne Aufbauten, die im Bereich einer Weiche innerhalb eines Bahnhofs stehen
– mit Aufbauten, deren lichter Abstand zur Gleisachse $< 5,0$ m ist, unabhängig vom Vorhandensein radabweisender Einrichtungen, die hier stets erforderlich sind.

In Stützreihen der Gruppen B und C ist zusätzlich rechnerisch zu berücksichtigen, daß jede Stütze für sich ausfallen kann.

Tabelle 2 Ersatzlasten für Anprall von Eisenbahnfahrzeugen

Gruppe	längs zur Gleisachse [MN]	quer Gleisachse [MN]
A	–	–
B	1,0	0,5
C	2,0	1,0

109 – Die waagerecht wirkenden Ersatzlasten für Anprall von Eisenbahnfahrzeugen sind jeweils 1,80 m über Schienenoberkante anzunehmen; die Ersatzlasten brauchen nicht gleichzeitig wirkend angenommen zu werden.

Die Reaktionen aus diesen Ersatzlasten sind bei den Tragwerken, Lagern, Unterbauten und Gründungen anzusetzen.

110 – Bei Eisenbahnüberführungen ist für tragende Stützen, die nicht durch ihre Lage oder besondere Maßnahmen gegen die Gefahr eines Anpralls von Straßenfahrzeugen geschützt sind, eine Ersatzlast gemäß DIN 1072, 7.2 anzusetzen.

112 – Bei Oberleitungsanlagen ist der einseitige Zug, der durch eine gerissene Leitung ausgelöst wird, als ruhende, in Leitungsrichtung wirkende Ersatzlast von 20 kN anzusetzen.
Es ist anzunehmen, daß
- bei einer Leitung   eine Leitung
- bei zwei bis sechs Leitungen   zwei Leitungen
- bei mehr als sechs Leitungen   drei Leitungen

gleichzeitig gerissen sind, und zwar diejenigen, deren Ausfall den ungünstigsten Lastfall ergibt.

113 – Die Ersatzlast für den Anprall von Schiffen auf Pfeiler ist von den örtlichen Verhältnissen abhängig und deshalb in jedem Einzelfall gesondert festzulegen.
Bei der Ermittlung der Ersatzlast ist zu berücksichtigen:
- die Lage des anprallgefährdeten Pfeilers in bezug auf die Richtung der Strömung und der möglichen Schiffsbewegungen und in bezug auf die Schiffahrtsrinne
- die relative Geschwindigkeit des Schiffes zum Pfeiler in Abhängigkeit von der eigenen Geschwindigkeit und der Strömungsgeschwindigkeit
- die Größe und die Konstruktion der beladenen Schiffe.

Erläuterungen zu 113:

Für Pfeiler von Rheinbrücken werden wegen des starken Verkehrs von Schubschiffverbänden und Motorgüterschiffen vorläufig folgende Ersatzlasten 1,50 m über dem höchsten Schiffahrtswasserstand angesetzt:
- Pfeiler in der Fahrrinne
  in Fahrtrichtung   30 MN
  senkrecht zur Fahrtrichtung   15 MN
- Pfeiler in den Vorländern
  in Fahrtrichtung   6 MN
  senkrecht zur Fahrtrichtung   3 MN

114 – Der Angriffspunkt der Ersatzlast für den Anprall von Schiffen ist für den höchsten schiffbaren Wasserstand zu ermitteln. Die Wirkung der Ersatzlast ist bis in die Gründung der Pfeiler zu verfolgen.

115 – Die Ersatzlast für den Eisstoß auf Pfeiler oder sonstige Bauwerke ist von den örtlichen Verhältnissen abhängig und deshalb in jedem Einzelfall gesondert zu bestimmen.

2.2.5 Besondere Nachweise

244 – Zum Nachweis der Sicherheit gegen Abheben und Erreichen der zulässigen kritischen Pressung ist aus den maßgebenden Haupt-, Zusatz- und Sonderlasten die

kritische Belastung zu ermitteln, deren einzelne Anteile mit Sicherheitsbeiwerten γ_{er} nach Tabelle 12 zu vervielfachen sind.

Tabelle 12 Sicherheitsfaktoren γ_{er}

Nr.	Belastungen	γ_{er}
1	günstig wirkende Anteile aller angesetzten Lasten	1,0
2	ungünstig wirkende Anteile der Eigenlast	1,1
3	ungünstig wirkende Anteile der Lasten außer Eigenlast, Lasten bei Bauzuständen und Ersatzlasten bei Anprallfällen	1,3
4	ungünstig wirkende Anteile der Lasten bei Bauzuständen	1,5
5	ungünstig wirkende Anteile aus Ersatzlasten bei Anprallfällen	1,1
6	Verschiebungs- und Verdrehungsgrößen	1,0
7	ungünstig wirkende Schnittgrößen infolge Theorie 2. Ordnung und ungewollter Außermittigkeiten	1,0

245 – Die Sicherheit gegen Abheben von einzelnen Lagern ist nachzuweisen, wenn sie nicht zweifelsfrei feststeht. Sie ist ausreichend, wenn folgende Bedingung erfüllt ist:

$N_d \geq N_z$

Es bedeuten:

N_d Normalkomponente der Resultierenden aller im Lager angreifenden pressenden Stützgrößen aus der kritischen Belastung

N_z Normalkomponente der Resultierenden aller im Lager angreifenden abhebenden Stützgrößen aus der kritischen Belastung

Werden zur Sicherung gegen Abheben Anker angeordnet, so darf die Ankerzugkraft Z_A wie folgt berücksichtigt werden:

$N_d + 1,3 \cdot zul\, Z_A = N_z$

Es ist hierbei $zul\, Z_A = zul\, \sigma_z \cdot A_s$ gemäß Abs. 304. Die ausreichende Verankerung des Ankers ist nachzuweisen.

Für vorgespannte Anker bei Eisenbahnbrücken ist für $zul\, Z_A$ die Vorspannkraft F_v anzusetzen.

246 – Die Sicherheit von Bauwerken und Bauteilen gegen Umkippen ist nachzuweisen, wenn sie nicht zweifelsfrei feststeht. Sie ist ausreichend, wenn unter der kritischen Belastung folgende Bedingung eingehalten wird:

$$\sigma_K = \frac{D_K}{A_K} \leq \beta_K$$

Es bedeuten:

σ_K Pressung unter kritischer Belastung, wobei die Annahme einer rechteckigen Spannungsverteilung zulässig ist
D_K Reaktionskraft in der Fuge
A_K Teilfläche aus der Gesamtfläche der Fuge, deren Schwerpunkt in der Wirkungslinie von D_K liegt.
β_K die nach Tabelle 13 zulässige Pressung bei kritischer Belastung in der Fuge

Tabelle 13 Zulässige Pressungen β_K bei kritischer Belastung

1	Bau- oder Werkstoff	β_K [N/mm²]	Bemerkung
2	Beton	β_{WN}	siehe DIN 1045
3	stählerne Linienkipplager	1,5 zul σ	zul σ nach Tab. 27 Zeile 2
4	Gummiplatten (Elastomer)	1,5 zul σ	siehe allgemeine bauaufsichtliche Zulassung
5	Polytetrafluoräthylenplatten (z. B. Teflon)	1,5 zul σ	
6	Holz	1,5 zul σ	siehe DIN 1052

247 – Zur Übertragung von Kräften, die parallel zur Bauwerksfuge wirken, sind anzusetzen
– mechanische Schubsicherungen, wie Dollen, Knaggen, Leisten oder ähnliches ohne Berücksichtigung der Reibung
– in begründeten Ausnahmefällen die Reibung allein, wobei auch hier eine konstruktive Schubsicherung empfohlen wird. Die Sicherheit gegen Gleiten ist dann nach Abs. 248 nachzuweisen.

248 – Die Sicherheit gegen horizontales Gleiten parallel zur Bauwerksfuge ist wie folgt nachzuweisen:

$$\gamma \cdot H \leq \mu \cdot N$$

Hierin bedeuten
N Summe aller vertikaler Lasten
H Summe aller horizontaler Lasten (N und H gelten für die gleiche maßgebliche Laststellung)
γ Sicherheitsbeiwert nach Tabelle 14
μ Reibungsbeiwert (vgl. Abs. 351)

Tabelle 14 Sicherheitsbeiwerte γ gegen Gleiten

Zeile	bei	Stützgrößen infolge	γ
1	nicht vorwiegend ruhender Belastung	Haupt-, Zusatz- und Sonderlasten	2,1
2		Haupt- und Anprallasten	1,5
3	vorwiegend ruhender Belastung	Haupt-, Zusatz- und Sonderlasten	1,5
4		wie Zeile 3 und Anprallasten	1,0
5	Montage-zustand	Haupt-, Zusatz- und Sonderlasten	2,6
6		wie Zeile 3 und Anprallasten	1,5

2.3 Straßenbahnen

Die Straßenbahn-Lastenzüge sind regional unterschiedlich.
In Abb. 2.11 sind die Lastenzüge für einige städtische Verkehrsbetriebe zusammengestellt.

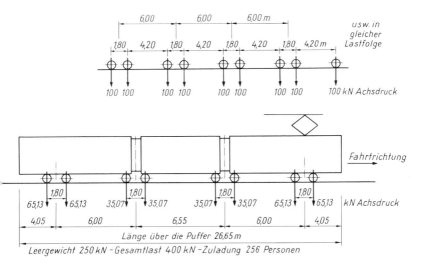

Abb. 2.11 Straßenbahn-Lastenzüge

3 Bemessung und Ausführung

Für die Bemessung und Ausführung massiver Brücken gilt DIN 1075 (Ausgabe 4.81). Für die Bemessung und Ausführung von Spannbetonbrücken siehe DIN 4227 (Ausgabe 12.79).

3.1 Statische Berechnung

Die statische Berechnung muß vollständig sein, sie soll klar und übersichtlich aufgestellt werden, sie muß genügend Hinweise enthalten, damit auch dem Prüfingenieur die Arbeit erleichtert wird.
- Jede statische Berechnung muß ein in sich geschlossenes Ganzes bilden und muß ausreichende Angaben für die Ausführungszeichnungen enthalten.
- Die Berechnung muß auch ausreichende Angaben enthalten über:
  1. die Lastannahmen nach DIN 1072, DS 804 u. a. und evtl. darüber hinausgehende Belastungsangaben;
  2. die statischen Systeme;
  3. den Baugrund;
  4. die Bauzustände, die Betonierungs- und Ausrüstungsvorgänge;
  5. die Standsicherheit und Überhöhung der Lehrgerüste.

Die statische Berechnung wird zweckmäßig folgendermaßen gegliedert:
- Allgemeines: – Inhaltsverzeichnis
  - Beschreibung des Bauwerks mit Erläuterungsskizzen
  - Baustoffe und Baustoffgüte
  - Baugrundverhältnisse
  - Verwendete technische Baubestimmungen
  - Schrifttum
- Geometrie des Tragwerkes und der Querschnitte
- Ermittlung der Systemgrößen (Stützweiten, mitwirkende Plattenbreiten) und der Querschnittswerte
- Zusammenstellung der Belastungen
- Berechnung der Schnittkräfte an den erforderlichen Querschnitten für die einzelnen Lastfälle (ständige Lasten, Vorspannung, Kriechen und Schwinden, Verkehrslasten, Windlasten, Wärmewirkungen, Bremslasten, Sonderlasten usw.)
- Bemessung der Querschnitte für die ungünstigste Überlagerung der einzelnen Lastfälle
  - Spannungsnachweise

- Ermittlung der Bewehrung
- Nachweis ausreichender Sicherheiten
- Ermittlung der Durchbiegungen und Verformungen

Ermittlung der Schnittkräfte und Bemessung sind durchzuführen für
- Tragwerk in Längsrichtung (Hauptträger)
- Tragwerk in Querrichtung (Fahrbahnplatte)
- Unterbauten (Pfeiler, Widerlager)
- Bauzustände

Für Spannbetonbrücken ist zusätzlich aufzustellen:
- Spannprogramm

Bei der Aufstellung der statischen Berechnung sollten folgende Hinweise beachtet werden:
- Kurze Erläuterungen zur Berechnung, Begründungen für Rechenannahmen, Vereinfachungen usw., besonders bei Verwendung der EDV oder sonstigen besonderen Rechenverfahren
- Nebenrechnungen sind in die statische Berechnung aufzunehmen
- Skizzen verdeutlichen die Erläuterungen
- Es ist zweckmäßig, die Seiten eines jeden Berechnungsabschnittes für sich zu numerieren mit Angabe der Abschnittsnummer, z. B.
  3-230 (Abschn. 3, Seite 230)
  3-230/1 (nachträglich eingefügte Seite)
  3-230 A (geänderte Seite)

3.2 Zeichnungen

- Übersichtszeichnungen mit Gesamtdarstellung des Bauwerks, d. h. Überbauten, Pfeiler, Widerlager, Fundamente (Längsschnitte, Querschnitte, Ansichten, Grundrisse)
- Montagepläne für Fertigteile mit Positionsnummern und Angabe des Montagevorganges, der Auflagerkräfte und etwa erforderlicher Abstützungen der Fertigteile
- Schalpläne mit Angabe aller Abmessungen des betreffenden Bauteils und Angabe der Betonierabschnitte und Arbeitsfugen, Angabe der Betonfestigkeitsklasse und von besonderer Anforderung an den Beton (DIN 1045, 6.5.7 und DIN 1075, 2.1).
  - wasserundurchlässiger Beton
  - Beton mit hohem Frostwiderstand
  - Beton mit hohem Widerstand gegen chemische Angriffe
  - Beton mit hohem Abnutzungswiderstand
  - Beton mit ausreichendem Widerstand gegen Hitze
  - Beton für Unterwasserschüttung
- Bewehrungszeichnungen für schlaffe Bewehrung mit Angabe
  - der Stahlsorten
  - Betondeckung

- Angaben für Beton wie auf Schalplänen
- Biegerollendurchmesser
- Anzahl, Durchmesser, Form und Lage der Bewehrung (Abstand, Rüttelgassen, Verankerungs- und Übergreifungslängen), Anordnung und Ausbildung von Schweißstellen
- Verlegepläne für Spannstahl mit Angabe
  - der Stahlsorten
  - Anzahl, Abmessungen, Form und Lage der Spannglieder (Abstände, Rüttelgassen, Verankerungen, Koppelstellen)
- Pläne für Fertigteile mit zusätzlichen Angaben für
  - Gewicht der Fertigteile
  - Montageaufhängungen
  - erforderliche Betondruckfestigkeit für Transport und Montage
  - gesonderte Darstellung der auf der Baustelle zusätzlich zu verlegenden Bewehrung
  - soweit erforderlich, Maßtoleranzen

3.3 Betondeckung der Bewehrung (DIN 1075, 4)

Tabelle 3.1 Betondeckung der Bewehrung für die Festigkeitsklassen $\geq B\,25$ (Mindestmaße in cm) (DIN 1075, Tabelle 1)

Spalte / Zeile	1	2	3
	Bauteil	Ortbeton und Fertigteile[1]	
		allgemein (siehe aber Abschnitt 4)	bei besonderen korrosionsfördernden Einflüssen[2]
1	allgemein	3,0	3,5
2	Oberseiten von Fahrbahnplatten (auch Gehwege; auch unter Abdichtungen und unter Kappen) Oberflächen von Kappen	3,5	4,0
3	Erdberührte und/oder wasserberührte Flächen	4,5	5,0

[1] Bei werkmäßig hergestellten Fertigteilen darf die Betondeckung um 0,5 cm kleiner sein.
[2] Zum Beispiel häufige Einwirkung angreifender Gase, Tausalze, „starker" chemischer Angriffe nach DIN 4030.

3.4 Tragwerke

3.4.1 Mitwirkende Plattenbreite (DIN 1075, 5.1.3)

Mitwirkende Plattenbreite für die Schnittgrößenermittlung (DIN 1075, 5.1.3.1)
Bei der Ermittlung der Schnittgröße aus Vorspannung an statisch bestimmten und unbestimmten Systemen darf stets von voller mittragender Plattenbreite ausgegangen werden.

Bei der Ermittlung von Biegeformänderungen sowie entsprechender Einheitsverformungen darf die volle Plattenbreite als mittragend angesetzt werden, solange $b/l_i < 0{,}3$ ist. Hierbei darf l_i Bild 1 entnommen werden. Für $b/l_i > 0{,}3$ darf näherungsweise zwischen den Stützen eine konstante mitwirkende Plattenbreite $b_m = \varrho_F \cdot b$ vorausgesetzt werden (siehe Bild 2), die dem Wert in Feldmitte entspricht. Bei Kragarmen darf vereinfachend eine konstante mitwirkende Breite $b_m = \varrho_S \cdot b$ angenommen werden (siehe Bild 2).

Zeile	System		Verlauf von $\dfrac{b_m}{b}$	
1	Einfeldträger			$l_i = l$
2	Durchlaufträger	Endfeld		$l_i = 0{,}75\, l$
3		Innenfeld		$l_i = 0{,}6\, l$
4	Kragarm			$l_i = l$
$a = b$, jedoch nicht größer als $0{,}25\, l$; $c = 0{,}1\, l$				

Abb. 3.1 Verlauf der mitwirkenden Plattenbreite b_m (DIN 1075, Bild 1)

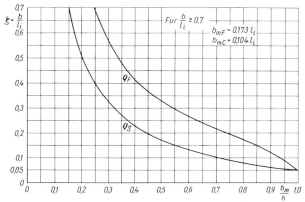

Abb. 3.2 Mitwirkende Plattenbreite, Beiwerte ϱ_F, ϱ_S (DIN 1075, Bild 2)

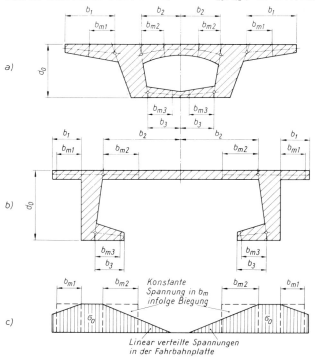

Abb. 3.3 Querschnitte und zugehörige mitwirkende Plattenbreiten bei Biegemoment und Querkraft, Spannungsverteilung (DIN 1075, Bild 3)

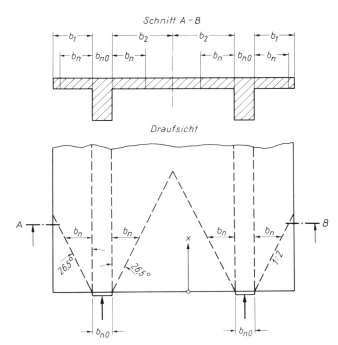

Abb. 3.4 Mitwirkende Breite b_n bei Längskräften am Tragwerksende (DIN 1075, Bild 4)

Die Wirkungen von horizontalen Stegvouten, Veränderungen der Plattendicke und der Steghöhe sowie die Einflüsse aus Querträgern auf die mittragende Plattenbreite können in der Regel vernachlässigt werden.

Die Schnittgrößen infolge Längskraft dürfen im Einleitungsbereich $0 \leqslant x \leqslant 2b$ nach den Ergebnissen der Scheibentheorie abgeschätzt werden unter der Annahme einer Kraftausbreitung nach Bild 4.

Mitwirkende Plattenbreite für die Bemessung (DIN 1075, 5.1.3.2)
Bei der Biege- und Querkraftbemessung von Trägern nach Bild 3, die durch Biegemomente beansprucht werden, ist stets die mitwirkende Plattenbreite zu berücksichtigen. Deren Veränderungen durch antimetrische Lastgruppen kann in der Regel vernachlässigt werden.

Für Flansche bis zur Breite $b \leqslant 0{,}3\, d_0$ darf jedoch stets $b_m = b$ gesetzt werden (d_0 = Steghöhe nach Bild 3). Für $b > 0{,}3\, d_0$ darf die mitwirkende Breite, sofern sie nicht genauer nachgewiesen wird, mit Hilfe von Bild 2 und 1 ermittelt werden. Hierbei ist im Feld $b_{mF} = \varrho_F \cdot b$ und über der Stütze $b_{mS} = \varrho_S \cdot b$. Gegebenenfalls ist ein nicht konstantes b zu berücksichtigen.

Der Bestimmung von ϱ_s ist die größere der an das Auflager anschließenden Stützweiten zugrunde zu legen. Ist in einem Feldbereich $b_{mF} < b_{mS}$, so ist der

Verlauf der mitwirkenden Breite innerhalb des gesamten Feldes nach der Verbindungslinie der mitwirkenden Breiten b_{mS} über den benachbarten Auflagerpunkten zu bestimmen; jedoch muß $b_m \leqslant b$ bleiben.
Die Spannungen aus Vorspannung dürfen für Normalkraft und Biegung getrennt bestimmt werden:
– der Spannungsanteil infolge Normalkraft mit der vollen Plattenbreite,
– der Spannungsanteil infolge Biegemoment unter Berücksichtigung der mitwirkenden Plattenbreite.
Zur Überlagerung der Biegespannungen des Haupttragwerks mit den von örtlichen Lasten erzeugten Plattenbiegespannungen dürfen erstere ohne genaueren Nachweis nach Bild 3c als geradlinig verlaufend angenommen werden unter der Bedingung, daß die jeweilige Gurtkraft erhalten bleibt.

3.4.2 Torsionssteifigkeit (DIN 1075, 2.2.2)

Für die Ermittlung der Schnittgrößen im Gebrauchszustand, darf die Torsionssteifigkeit mit 50 % in Rechnung gestellt werden, wenn die Biegesteifigkeit nach Zustand I angesetzt wird.
Bei der Ermittlung der Schnittgrößen ist die Torsionssteifigkeit von Trägern (z. B. Balken, Plattenbalken) zu berücksichtigen. Die Aufnahme von Torsionsmomenten ist stets nachzuweisen.

3.4.3 Schiefwinkligkeit

Schiefwinkligkeit im System mit einem Winkel zwischen 75° und 90° darf bei stabförmigen Trägern im allgemeinen vernachlässigt werden.
Die Schiefwinkligkeit von Platten ist in der stumpfen Ecke bereits von 85° ab zu verfolgen.
Der Einfluß der Schiefwinkligkeit ist bei Kastenträgern nachzuweisen bei Kreuzungswinkeln $< 85°$.

Bei Eisenbahnbrücken zusätzlich DS 804 (VEI) beachten:

406 – Bei schiefen Kreuzungen von Verkehrswegen sind die Tragwerke mit einem rechtwinkligen Abschluß auszubilden.
   Soweit es nicht zu vermeiden ist, können Tragwerke mit einer Schiefe von 67 gon bis 133 gon ausgeführt werden. Bei Tragwerken aus Walzträgern in Beton darf die Schiefe nur zwischen 90 gon und 110 gon liegen.
Sind Tragwerke mit einer größeren Schiefe als angegeben notwendig, bedarf dies der Zustimmung im Einzelfall.
319 – Für die Bemessung und Ausführung massiver Brücken sind die nachfolgenden Ergänzungen zu beachten:
– Die Schiefwinkligkeit im System bei stabförmigen Trägern ist stets zu berücksichtigen.
– Zu Kastenträger
   Der Einfluß der Schiefwinkligkeit der Lagerungsachse zur Brückenachse ist bei der Bemessung zu berücksichtigen.

3.4.4 Kastenträger (DIN 1075, 5.3)

Ein- und mehrzellige Kastenträger dürfen hinsichtlich der Längsspannungen und der zugehörigen Schubspannungen näherungsweise nach der Theorie des torsionssteifen Stabes behandelt werden, solange die Maße folgenden Bedingungen genügen:

$l_a/d \geqslant 18 \quad l_a/b \geqslant 4$

b mittlere Kastenbreite $\Big\}$ Außenmaße
d mittlere Kastenhöhe

l_a Abstand der Schotte bzw. Querträger

In allen anderen Fällen ist der Anteil der unterschiedlichen Längsspannungen in den Stegen zu verfolgen.
Die Querbiegung, auch infolge Profilverformung, muß nachgewiesen werden.

3.4.5 Mindestabmessungen (ZTV – K 80, Abschn. 6.1.1)

Nachstehend aufgeführte Mindestabmessungen gelten für Straßen-, Eisenbahn- und Fußgängerbrücken, Stützwände und Durchlässe. Sie gelten sowohl für Bauteile aus Ortbeton als auch für Fertigteile. Für Rüttelgassen gelten die Abschnitte 6.3.2 und 6.4.2

Unterbauten (ZTV – K 80, Abschn. 6.1.1.1)
a) Sauberkeitsschicht (Unterbeton) $\quad d = 10\,\text{cm}$
b) Kammerwände an der Einspannstelle $\quad d = 30\,\text{cm}$
c) Wände und Rippen
   Wandhöhen $\leq 1{,}50\,\text{m}$
   unten und oben $\quad d = 30\,\text{cm}$
   Wandhöhen $> 1{,}50\,\text{m}$
   unten $\quad d = 50\,\text{cm}$
   oben $\quad d = 30\,\text{cm}$
d) Hohlpfeilerwände
   außen $\quad d = 30\,\text{cm}$
   innen $\quad d = 20\,\text{cm}$
e) Aussteifende horizontale Scheiben und Platten $\quad d = 15\,\text{cm}$

Überbauten (ZTV – K 80, Abschn. 6.1.1.2)
a) nicht erdberührt
   Fahrbahnplatten und Platten über Verdrängungskörpern
   (Hohlkörpern) oder über Fertigteilen $\quad d = 20\,\text{cm}$
   Kragplatten am Außenrand bei Quervorspannung $\quad d = 23\,\text{cm}$
   Untere Platten von Hohlkästen und Plattenbalken unter
   Verdrängungskörpern, Flansche von Trägern, Kragplatten
   ohne Vorspannung $\quad d = 15\,\text{cm}$
Obergurtflansche von Fertigteilen mit nachträglicher
Obergurtplatte:
Bauzustand am Rand $\quad d = 8\,\text{cm}$
Bauzustand am Anschnitt $\quad d = 12\,\text{cm}$
Untergurtflansche von Fertigteilen am Außenrand $\quad d = 20\,\text{cm}$

Stege bei Hohlkästen, Plattenbalken und Hohlplatten nach folgender Tabelle:

Konstruktionshöhe h [cm]	Ortbeton, Fertigteile d [cm]	werkmäßig hergestellte Fertigteile d [cm]
≤ 100	30	25
≥ 400	50	45

Zwischenwerte sind geradlinig zu interpolieren.
b) erdberührt
    Rahmen, Gewölbe, Überbauten mit Überschüttung:
    Ortbeton, Fertigteile $d = 30$ cm
    werkmäßig hergestellte Fertigteile $d = 25$ cm
    werkmäßig hergestellte Fertigteile für Durchlässe mit
      Lichtweiten LW $< 2,00$ m $d = 20$ cm

3.5 Stützen, Pfeiler, Widerlager und Fundamente (DIN 1075, 7)

7.1 Allgemeines
7.1.1 Übertragung der Bremskräfte
Lastausbreitung in der Hinterfüllung unter 26,5° (2:1) im Grund- und Aufriß, d. h. nach unten und nach den Seiten. Ihre Wirkung braucht im allgemeinen nur in dem direkt betroffenen Bauteil, z. B. der Kammerwand, einschließlich des Anschlusses an die benachbarten Bauteile verfolgt zu werden.

7.1.2 Widerlager in Verbindung mit dem Überbau
Sind die flach gegründeten Widerlager von Platten- und Balkenbrücken aus Stahlbeton mit dem Überbau ausreichend verbunden, so darf vereinfachend für die Bemessung der Widerlager und deren Fundamente – bei Straßenbrücken mit einer Überbaulänge bis etwa 20 m, bei Eisenbahnbrücken bis etwa 10 m – an der Widerlager-Oberkante gelenkige Lagerung und am Fundament für das Einspannmoment der Wand volle Einspannung angenommen werden. Für das Feldmoment der Wand ist dann als zweiter Grenzfall am Fundament gelenkige Lagerung anzunehmen.
Annähernd gleiche Maße und Erddruckbelastungen beider Widerlager werden hierbei vorausgesetzt. Zwangsschnittkräfte dürfen vernachlässigt werden.

7.2 Stützen, Pfeiler, Widerlager und Fundamente aus Stahlbeton
7.2.1 Zusätzliche Entwurfsgrundlagen

Bei der Bemessung der Fundamente als einspannende Bauteile gemäß DIN 1045, Abschnitt 17.4.5, sind die Schnittgrößen nach der Theorie II. Ordnung, die sich beim Knicksicherheitsnachweis ergeben, zu beachten. Dies gilt sinngemäß auch für die Bemessung einer eventuellen Pfahlgründung.
Bei Flachgründungen ist nachzuweisen, daß die Bodenfuge für die ungünstigste Lastkombination im Gebrauchszustand unter Berücksichtigung dieser Schnittgrößen nicht über den Schwerpunkt hinaus klafft.

Dagegen brauchen diese Schnittgrößen nicht berücksichtigt zu werden beim Nachweis der Einhaltung von DIN 1054, Ausgabe November 1976, Abschnitt 4.1.3.1, wonach unter ständiger Last keine klaffende Bodenfuge auftreten darf.
Beim Nachweis der Bodenpressung dürfen diese Momente vernachlässigt werden. Soweit Schnittgrößen im Gebrauchszustand unter Berücksichtigung der Stabverformung (Theorie II. Ordnung) benötigt werden, sind diese aus den Schnittgrößen des Knicksicherheitsnachweises durch Reduktion mit 1/1,75 abzuleiten.

7.2.2 Nachweis der Knicksicherheit

Der Knicksicherheitsnachweis ist nach DIN 1045, Abschnitt 17.4, zu führen. Für Stahlbetonwände gilt DIN 1045, Abschnitt 25.5.4.
Abweichend von DIN 1045, Abschnitt 17.4.6, darf die ungewollte Ausmitte e_u bei Pfeilern mit einer Höhe $h \geqslant 30\,\text{m}$ zu $s_K/400$ angenommen werden. Diese Erleichterung ist nur zulässig, wenn durch laufende Kontrollmessungen während des Baues sichergestellt ist, daß die Summe der vorhandenen Bauungenauigkeiten (Lagerversetzfehler, Lotabweichungen des Pfeilerschaftes usw.) nicht größer als $s_K/1200$. ist Eine zu erwartende Schiefstellung eines Pfeilerfundamentes unter Dauerlast ist bei der Bestimmung der Lastausmitte zu beachten.
Wenn die Baugrundelastizität einen nennenswerten Einfluß auf die Knicksicherheit hat, ist diese unter Zugrundelegung der Grenzwerte der Steifeziffer für Kurzzeitbelastung zu berücksichtigen.
Für den Nachweis der Knicksicherheit ist bei Pfeilern mit Rollen- oder Gleitlagern die Lagerreibungskraft gleich Null zu setzen, d. h. weder als verformungsbehindernd noch als verformungsfördernd einzuführen, sofern sich im Knickfall die Richtung der Reibungskraft umkehrt. Dies darf bei sehr großen Verschiebungswegen, wie z. B. beim Einschieben von Überbauten nicht immer vorausgesetzt werden, so daß dort besondere Untersuchungen erforderlich sind.
Bei Festpfeilern ist eine z. B. aus Lagerreibung infolge Temperaturdehnung herrührende Pfeilerausbiegung beim Knicksicherheitsnachweis nur als zusätzliche Lastausmitte zu berücksichtigen, während die diese Ausbiegung bewirkende Lagerreibungskraft gleich Null zu setzen ist.
Pfeiler mit Elastomer-Lagern sind wie Festpfeiler zu behandeln, wenn die auftretenden Kräfte im Knickfall aufgenommen werden können.

3.6 Erforderliche Nachweise (DIN 1075, 9)

9.1 Ermittlung der Schnittgrößen

Lastfälle siehe Abschnitt 2

9.2 Bemessung von Beton- und Stahlbetonbauteilen

9.2.1 Allgemeines

Bei den Schnittgrößen aus den Lastfallkombinationen betragen die Sicherheitsbeiwerte für Stahlbeton in Anlehnung an DIN 1045, Abschnitt 17.2.2:

Tabelle 3

Lastfallkombination nach Abschnitt 9.1	Sicherheitsbeiwert bei Versagen des Querschnittes	
	mit	ohne
	Vorankündigung	
HHB	1,75	2,10
HZHZB	$0,9 \cdot 1,75$	$0,9 \cdot 2,10$
HA	1,0	

Zwischen den beiden Grenzwerten ist der Sicherheitsbeiwert nach DIN 1045, Abschnitt 17.2, geradlinig einzuschalten.

9.2.2 Querschnittsbemessung für Biegung und Biegung mit Längskraft

Zwangschnittgrößen aus wahrscheinlichen Baugrundbewegungen, Kriech-, Schwind- und Wärmewirkungen dürfen in den Lastfallkombinationen mit einem Sicherheitsbeiwert $\gamma = 1,0$ in Rechnung gestellt werden, wenn die Steifigkeit im Zustand I zugrunde gelegt wird. Werden jedoch abgeminderte Steifigkeiten (Übergang nach Zustand II) für die Ermittlung der Zwangschnittgrößen in Ansatz gebracht, so ist $\gamma = 1,4$ zu setzen.

Anstelle der Zwangschnittgrößen aus wahrscheinlichen Baugrundbewegungen sind die aus den 0,4fachen möglichen Baugrundbewegungen zu berücksichtigen, falls dies ungünstiger ist.

Beim Nachweis der Knicksicherheit nach der Theorie II. Ordnung darf für die Lastkombinationen HZ und HZB der Sicherheitsbeiwert nicht auf den 0,9fachen Wert herabgesetzt werden.

9.2.3 Querschnittsbemessung für Querkraft und Torsion

9.2.3.1 Hauptlasten sowie Haupt- und Zusatzlasten

Die zulässige Stahlspannung für die Lastfallkombination H ist DIN 1045, Abschnitt 17.5.4, zu entnehmen; bei der Lastfallkombination HZ gelten die 1/0,9fachen Werte.

Ein Nachweis der Schubdeckung ist bei Balken für die Lastfallkombination H erforderlich, wenn $\tau_0 \geqslant \tau_{011}$ nach DIN 1045, Tabelle 13, Zeile 1a ist.

Bei Stahlbetonbauteilen ist verminderte Schubdeckung nach DIN 1045, Gleichung (17), nur zulässig, wenn sie nach Abschnitt 9.3 als vorwiegend ruhend belastet gelten.

9.2.3.2 Sonderlasten aus Anprall von Fahrzeugen

Bei der Bemessung auf Querkraft und Torsion infolge Lasten nach DIN 1072 (Ausgabe November 1967), Abschnitt 7.2, bzw. DS 804 darf für Betonstahl die Stahlspannung β_S in Rechnung gestellt werden; der Rechenwert der Schubspannung darf den doppelten Wert von τ_{02} nicht überschreiten.

9.3 Nachweise für nicht vorwiegend ruhende bzw. ruhende Beanspruchung

9.3.1 Geltungsbereiche

Stahlbetonbauteile gelten nicht als vorwiegend ruhend belastet im Sinne von DIN 1045, Abschnitte 17 und 18, wenn in einem der Bemessungsquerschnitte des Bauteils die Differenz der Grenzschnittgrößen $\max S - \min S$ aus den Verkehrsregellasten nach DIN 1072 bzw. DS 804 mehr als 25% der absolut größten Schnittgröße aus Lastfall H beträgt.

Folgende Stahlbetonbauteile gelten in jedem Falle als vorwiegend ruhend belastet:
a) Widerlager, Stützwände und Pfeiler einschließlich Fundamente, soweit sie nicht mit dem Überbau biegesteif verbunden sind, mit Ausnahme von
   - Fahrbahnen von Hohlwiderlagern
   - leichten Stützen bis 300 kN Eigenlast des Schaftes
   - häufig hoch beanspruchten Bauteilen, die nach Abschnitt 9.3.2 mit $\alpha_p = \alpha_s = 1{,}0$ zu bemessen sind.
b) Gewölbe mit einer Mindest-Scheitelüberschüttung nach Abschnitt 6.2 und sonstige Tragwerke mit einer Überschüttungshöhe von mind. 2 m.

Für Lasten von Sonderfahrzeugen braucht dieser Nachweis im allgemeinen nicht geführt zu werden, da diese Lasten in der Regel nicht sehr häufig auftreten.

9.3.2 Beschränkung der Schwingbreite unter Gebrauchslast

Bei der unter Abschnitt 9.3.1 genannten vorwiegend nicht ruhend belasteten Bauteilen ist die Schwingbreite $\Delta\sigma_S$ der Stahlspannung aus den Verkehrsregellasten nach DIN 1072 (Ausgabe November 1967), Abschnitte 5.3.1, 5.3.4 und 5.3.6 bzw. DS 804 nachzuweisen für die beiden Grenzschnittgrößen

$\max S = \max(\alpha_p S_p + \alpha_s S_s) + S_g$ (5)
$\min S = \min(\alpha_p S_p + \alpha_s S_s) + S_g$ (6)

Aus $\max S$ und $\min S$ können die Grenzwerte der Stahlspannung $\max \sigma_S$ bzw. $\min \sigma_S$ bei Zug nach DIN 1045, Abschnitt 17.1.3, bei Druck nach Abschnitt 17.8 (letzter Absatz) ermittelt werden.

Die Schwingbreite

$\Delta\sigma_S = \max \sigma_S - \min \sigma_S$

darf die zulässigen Werte nach DIN 1045, Abschnitt 17.8, nicht überschreiten.

Darin bedeuten
S_g Schnittgröße aus ständiger Last
S_p Schnittgrößen aus den Verkehrsregellasten nach DIN 1072 einschließlich Schwingbeiwert
S_s Schnittgrößen aus den Regellasten von Schienenfahrzeugen einschließlich Schwingbeiwert
$\alpha_p = 0{,}5$ für Flächenlasten und für SLW 60
$\alpha_p = 0{,}8$ für SLW 30 und LKW 12
$\alpha_s = 1{,}0$ bei Brücken belastet nach DS 804 oder ähnl.

Bei sonstigen Schienenfahrzeugen wird α_s entsprechend der Häufigkeit der Vollast fallweise festgelegt. Der vereinfachte Nachweis nach DIN 1045, Abschnitt 17.8, Absatz 6ff., ist zulässig; dabei dürfen die Teile α_p bzw. α_s der Verkehrsregellast als häufig wechselnde Lastanteile angenommen werden. Die Prozentsätze von ΔM und ΔQ sind auf Lastfall H zu beziehen.

Für häufig hoch beanspruchte Konsolen an Fahrbahnübergängen oder ähnlichen und für quer zur Fahrtrichtung auskragende Konstruktionen, die von Zusatzfahrstreifen belastet werden, ist der Nachweis der Schwingbreite der Stahlspannungen bei allen Brückenklassen und allen Lasten mit $\alpha_p = 1$ zu erbringen.

Bei Straßenbrücken der Brückenklasse 60 ohne Belastung durch Schienenfahrzeuge und bei Geh- und Radwegbrücken kann der Nachweis der Schwingbreite auf die statisch erforderliche Bewehrung aus geschweißten Betonstahlmatten und auf geschweißte Stöße beschränkt werden mit Ausnahme der Bauteile, die für $\alpha_p = 1$ zu bemessen sind.

Weitergehende Forderungen nach DIN 4227 Teil 1 und Teil 5 bleiben unberührt.

9.4 Beschränkung der Rißbreite für Stahlbetonbauteile

Als Anhalt für die zweckmäßige Wahl der Bewehrung ist der Nachweis nach DIN 1045, Abschnitt 17.6.2, für alle bewehrten Bauteile zu führen.

Für Zeile 1, Spalte 2 der Tabelle 1 wird „geringe Rißbreite", für alle übrigen Betondeckungen „sehr geringe Rißbreite" verlangt.

Für erdberührte Flächen mit einer dauerhaft geschützten Abdichtung gelten die Werte „zu erwartende Rißbreite normal". Die Abdichtung kann auch als geeignete Beschichtung ausgeführt werden. Als dauerhafter Schutz gegen ihre Beschädigung können Ortbeton, Fertigplatten oder Formsteine verwendet werden.

Lassen sich größere Temperaturunterschiede infolge Abbindens des Betons nicht durch ausführungstechnische Maßnahmen vermeiden, so sind die daraus entstehenden Spannungen auch in der statischen Berechnung zu berücksichtigen.

9.5 Seitenstoß auf Schrammborde und Schutzeinrichtungen

Für den Nachweis nach DIN 1072 (Ausgabe November 1967), Abschnitt 7.3, gelten die Bemessungsannahmen des Lastfalles HA unter Abschnitt 9.2.

9.6 Beanspruchung beim Umkippen

Bei der kritischen Last nach DIN 1072 (Ausgabe November 1967), Abschnitt 8.2, gelten für Beton und Stahl die zulässigen Werte des Lastfalles HA nach Abschnitt 9.2, für unbewehrten Beton $0,8\,\beta_R$.

3.7 Zusätzliche Bewehrungsrichtlinien (DIN 1075, 10)

10.1 Mindestbewehrung von Stahlbetonüberbauten

An den Oberflächen sind zwei sich annähernd rechtwinklig kreuzende Bewehrungslagen anzuordnen.

10.1.1 Ermittlung der Mindestbewehrung

Wenn DIN 1045 keine größere Bewehrung vorschreibt, ist für die Längsbewehrung an jeder Oberfläche die Mindestbewehrung der Tabelle 4 vorzusehen

Tabelle 4 Grundwerte der Mindestbewehrung

Betonfestigkeitsklasse	BSt 220/340	BSt 420/500	BSt 500/550
B 25	0,13 %	0,07 %	0,06 %
B 35	0,17 %	0,09 %	0,08 %
B 45	0,19 %	0,10 %	0,09 %
B 55	0,21 %	0,11 %	0,10 %

Zu den in Tabelle 4 angegebenen Mindestprozentsätzen für die Längsbewehrung gehören die Bezugsflächen der Tabelle 5.

Tabelle 5 Übersicht zur Mindestbewehrung

Bauteil		Seite	rechnerische Bezugsfläche A_b	Längsbewehrung α_s ist anzuordnen auf der Umfangstrecke s
Platte von der Dicke d		Oberseite Unterseite	Plattenquerschnitt $A_b = 100\,d/m$	100 cm
		Plattenrandfläche	$d \cdot d$	d
Balken, Stege von Plattenbalken und Kastenträgern	$b_0 < d_0$	Seitenflächen	$b_0 \cdot d_0$	d_0
		Oberseite Unterseite	$b_0 \cdot b_0$	b_0
Bauhöhe d_0 Breite b_0	$b_0 > d_0$	Seitenflächen	$d_0 \cdot d_0$	d_0
		Oberseite Unterseite	$b_0 \cdot d_0$	b_0

Bei nicht konstanter Stegbreite ist b_0 die Breite in der Höhe der Schwerlinie des Gesamtquerschnittes. Die für eine bestimmte Fläche je Meter Querschnittsumfang ermittelte Mindestlängsbewehrung ist auch als Mindestquerbewehrung vorzusehen.

Für die Schubbewehrung von Gurtscheiben und Balkenstegen gilt der doppelte Mindestwert der Tabelle 4.

Bei Hohlplatten mit annähernd kreisförmigen Aussparungen darf die Längsbewehrung auf den reinen Betonquerschnitt bezogen werden; die Querbewehrung ist in der gleichen Größe wie die Längsbewehrung zu wählen. Als Mindestschubbewehrung erhalten die Stege eine Bewehrung wie die Querbewehrung eines Balkens von der Breite b_0 gleich der kleinsten Stegbreite.

Die Querbewehrung der Balken und Stege ist gleichzeitig Bügelbewehrung bzw. Randeinfassungsbewehrung.

Von den zusammenfallenden Mindestbewehrungen für die gleiche Stelle ist nur die größte maßgebend; die Addition mehrerer Mindestbewehrungen ist nicht erforderlich. Längsstäbe an Kanten dürfen für beide Flächen gezählt werden.
Auf der Zugseite von Platten muß die Hauptbewehrung folgende Mindestwerte haben:
- BSt 220/340 $0,25\%$ von A_b
- BSt 420/500 $\Big\}$ $0,15\%$ von A_b
- BSt 500/550

In Bereichen, die ständig auf Druck beansprucht sind, genügt ohne Rücksicht auf die Betonfestigkeitsklasse die für B 25 erforderliche Mindestbewehrung der Tab. 4.

10.1.2 Maximaler Abstand der Bewehrung

Der größte Stababstand soll 20 cm nicht übersteigen.

10.1.3 Kleinster Stabdurchmesser

- bei BSt 220/340   10 mm
- bei BSt 420/500   8 mm

bei geschweißten Betonstahlmatten
- BSt 500/550   6 mm bei $a \leq 150$ mm

Mindestbewehrung (ZTV-K 80, 6.3.4)

Für die Mindestbewehrung dürfen keine glatten Betonstähle verwendet werden.

Für Überbauten

Die Mindestbewehrung ist auch über alle Arbeits- oder Abschnittsfugen durchzuführen, wenn nicht eine verstärkte statische Bewehrung notwendig wird.
Bei Tragwerken mit Hohlräumen, z. B. Hohlkästen, Hohlplatten, Kastenträger, sind die den Hohlräumen zugekehrten Innenflächen ebenfalls mit einer Mindestbewehrung zu versehen.
Als Mindestbewehrung ist am Außenrand von Kragplatten in einem 1 m breiten Streifen eine Längsbewehrung von insgesamt $0,8\%$ des Betonquerschnitts dieses Randstreifens anzuordnen. Sie ist oben und unten mit gleichen Durchmessern ungeschwächt in Abständen von ≤ 10 cm einzubauen. Bei Kragarmlängen unter 1 m ist der vorhandene Betonquerschnitt maßgebend.
Einspringende Ecken, z. B. an sägeförmig versetzten Spannischen, sind durch ein Bewehrungsnetz ausreichend zu sichern. Hierfür dürfen bei großen konstruktiven Schwierigkeiten ausnahmsweise Bewehrungsstäbe $\varnothing$ 6 mm, jedoch $e \leq 10$ cm, eingebaut werden.

10.2 Bewehrung von Stahlbetonstützen für den Anprall von Fahrzeugen

Sind Stahlbetonstützen für Anprall-Lasten nach DIN 1072 oder DS 804 zu bemessen, so ist ihre Längsbewehrung auf mindestens 2 m über die Höhe des Anprallbereichs hinaus zweilagig und ungestoßen nach Bild 8 auszubilden, sofern nachstehend nichts anderes gesagt wird. Mindestens auf diese Höhe ist die innere und die äußere Längsbewehrung mit Bügeln oder Wendel von mindestens 12 mm Durchmesser bei einem Bügelabstand bzw. einer Ganghöhe von höchstens 12 cm zu

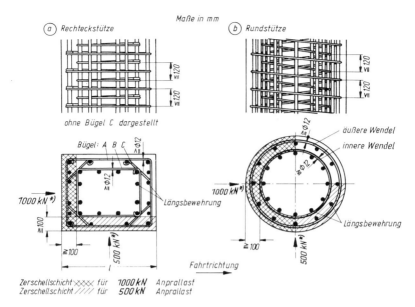

*) Die Anprallasten 1000 kN bzw. 500 kN sind nicht gleichzeitig anzusetzen.

Abb. 3.5 Bewehrung anprallgefährdeter Stahlbetonstützen (DIN 1075, Bild 8)

umschließen. Die Bügelenden müssen sich um mindestens eine Seitenlänge übergreifen oder außerhalb der Zerschellschicht verankert werden; Wendelenden sind in das Innere des Querschnittes zu führen.

Wegen der beim Anprall entstehenden örtlichen Zerstörungen ist davon auszugehen, daß im Anprallbereich der Beton zwischen Stützenrand und Außenkante der inneren Bügel, mindestens jedoch 10 cm (Zerschellschicht) und die äußere Lage der Druckbewehrung nicht mitwirken. Zugeinlagen des Anprallbereiches können dagegen in Rechnung gestellt werden (z. B. eingespannte Stütze).

Als Anprallbereiche sind anzunehmen:
a) auf der Seite, auf die 1000 kN Anprallast anzusetzen sind, die ganze Breite und 2 m Höhe;
b) auf der Seite, auf die 500 kN anzusetzen sind, die ganze Länge, jedoch nicht mehr als 1,6 m von der Vorderkante aus gemessen, und 2 m Höhe

Die Schubdeckung ist nachzuweisen. Hierbei braucht nur die Hälfte des bei voller Schubdeckung erforderlichen Stahlquerschnitts eingelegt zu werden, wenn die Längsbewehrung der Stützen vom Anprallbereich bis zu den Auflagern bzw. bis zur Einspannstelle zweilagig in voller Stärke durchgeführt wird.

Auch unter Vernachlässigung der Zerschellschicht muß die Stütze in der Lage sein, die Hauptlast und die Haupt- und Zusatzlasten mit einer gegenüber der Tabelle 3 (DIN 1075) um 10% herabgesetzten Sicherheit aufzunehmen.

Geht eine Stütze in einen Gründungspfahl über, und wird der Anprallstoß nicht durch konstruktive Maßnahmen auf mehrere Pfähle verteilt, so ist die Bewehrung des Anprallbereiches, sofern nicht ein genauerer Nachweis geführt wird, unvermindert vom unteren Rande des Anprallbereichs ab noch 5 m in den Gründungspfahl weiterzuführen.

Als Baustoffe sind Betonstahl BSt 220/340 oder BSt 420/500 und mindestens die Betonfestigkeitsklasse B 35 zu verwenden. Die Bewehrung darf nicht geschweißt werden. Eine Bemessung für Anprall nach DIN 1072 (Ausgabe November 1967), Abschnitt 7.2, und Ergänzungsbestimmungen, und eine zweilagige Bewehrungsführung nach Bild 8 (DIN 1075) ist nicht erforderlich:

– bei vollen Stahlbetonstützen und -scheiben mit einer Länge l in Fahrtrichtung von mindestens 1,6 m und einer Breite b quer zur Fahrtrichtung von $b = 1,6 - 0.21 \geqslant 0,9$ m,
– bei vollen runden bzw. ovalen Stahlbetonstützen von mindestens $l \geqslant 1,6$ m $+ x$, $b \geqslant 1,6$ m $- x$ Kleinstwert $b = 1,2$ m,
– bei Stahlbeton-Hohlpfeilern bei einer Mindestwanddicke von 0,60 m.

Bei Hohlpfeilern muß die vorgeschriebene Mindestwanddicke noch 2 m über den oberen Rand des Anprallbereiches hinausgehen.

Höhe der Zerschellschicht bis 2,00 m über Fahrbahnoberkante
Länge l der Zerschellschicht bei langen Pfeilern 1,60 m
Nach DS 804 (VEI), Teil 4 gilt:

540 – Für Anprallast bemessene Stützen und Wände sind im Anprallbereich mit einer Zerschellschicht und doppellagiger Bewehrung nach DIN 1075 auszuführen. Der Anprallbereich ist anzunehmen

– bei Straßenfahrzeugen nach DIN 1072 und DIN 1075
– bei Eisenbahnfahrzeugen
  – quer zur Fahrtrichtung über die ganze Breite mit einer Höhe von 4,0 m über Schienenoberkante
  – in Fahrtrichtung über die ganze Länge, jedoch nicht mehr als 3,0 m von der Vorderkante und mit einer Höhe von 4,0 m über Schienenoberkante.

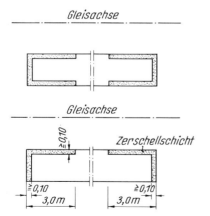

Abb. 3.6 Zerschellschicht für Pfeiler und Widerlager

3.8 Spannbetonbrücken
3.8.1 Allgemeines

Bei *vorgespannten Bauteilen* werden durch Anspannen der in diese Bauteile eingelegten hochwertigen Spannstähle Druckkräfte in diese Bauteile eingeleitet. Bei exzentrischer Lage der Spannglieder im Querschnitt erzeugen diese zusätzlich Biegemomente. Die aus der äußeren Belastung auftretenden Zugspannungen können bei entsprechender Lage der Spannglieder vollkommen beseitigt oder zumindest so verringert werden, daß die Zugfestigkeit des Betons nicht überschritten wird und somit die *Rissefreiheit* des Betons gewährleistet wird. Die Verwendung von Beton höherer Festigkeit und hochwertiger Spannstähle mit Zugfestigkeit von 1000 bis 1800 MN/m^2 erlauben *schlanke Konstruktionen*. Die Biegemomente aus äußerer Belastung werden durch die Biegemomente aus Vorspannung ganz oder in erheblichem Maße abgemindert. Die Biegespannungen (Zug- und Druckspannungen) sind bei vorgespannten Bauteilen also geringer als bei schlaff bewehrten. Bei gleicher Ausnutzung der zulässigen Betonspannungen können bei Spannbetonbauteilen *kleinere Konstruktionshöhen* verwendet werden.

Schlanke Querschnitte und kleinere Konstruktionshöhen gestatten wegen des geringeren Eigengewichts bei Spannbetonbrücken wesentlich *größere Stützweiten* als bei schlaff bewehrten Brücken.

Außerdem hat der Spannbeton dem modernen Brückenbau eine Reihe *neuer Bauverfahren* erschlossen:
a) Freivorbau
b) feldweiser Vorbau
c) Taktschiebeverfahren
d) Fertigteile

Für die Bemessung und Ausführung von Spannbetonbauteilen ist die DIN 4227 (Ausgabe 12/79) gültig. Diese wird, soweit sie zum allgemeinen Verständnis und für die Ausführung von Brückenbauten anzuwenden sind, auszugsweise wiedergegeben.

3.8.2 Begriffe

Zum weiteren Verständnis müssen zunächst einige Begriffe erläutert werden, ohne auf weitere Einzelheiten einzugehen. Hierfür wird auf das *einschlägige Schrifttum*[1] verwiesen. Die Arten der Spannstähle, die verschiedenen Spannverfahren und die Art der Vorspannung sind für die Ermittlung der Spannungen maßgebend. Auf Spannstähle und Spannverfahren wird in Abschn. 4.3 eingegangen.

---

[1] Kirchner, Spannbeton, WIT 14 und WIT 43, Werner-Verlag, Düsseldorf 1974/1980.

3.8.2.1 Arten der Vorspannung

Volle Vorspannung:
Unter Gebrauchslast (s. Abschn. 3.8.3.1) für den Lastfall Hauptlasten (DIN 1072) keine Zugspannungen zulässig. Für Lastfall Bauzustand und Lastfall Haupt- und Zusatzlasten Zugspannungen zulässig. Volle Vorspannung ist für Eisenbahnbrücken in Längsrichtung immer anzuwenden. Wenn Querspannglieder von Arbeits- oder Montagefugen geschnitten werden, ist bei Eisenbahnbrücken volle Quervorspannung anzuwenden (s. DS 804, Abs. 320).

Beschränkte Vorspannung:
Zugspannungen in beschränktem Umfang zugelassen. Betonzugfestigkeit wird nicht überschritten. Rissefreiheit im Beton ist gewährleistet. Geringerer Spannstahlbedarf als bei voller Vorspannung, wird in der Regel bei Straßenbrücken angewendet.

Teilweise Vorspannung:
Größe der Betonzugspannungen nicht begrenzt.
Betonzugfestigkeit wird überschritten (Zustand II). Erhöhte Korrosionsgefahr, daher Rißbreite beschränken. Dauerschwingfestigkeit für Spannstahl und schlaffe Bewehrung nachweisen. In der Bundesrepublik Deutschland noch nicht zugelassen. Im Brückenabu nur begrenzt anwendbar.

Spannen vor dem Erhärten des Betons (Spannbettvorspannung):
Anspannen der Spannglieder gegen feste Punkte außerhalb des Bauteiles (Spannbett). Nach Erhärten des Betons Lösen der Verbindung zwischen Spannstahl und Spannbett. Die Vorspannkräfte werden durch Haftung und Reibung auf den Beton übertragen. Anwendung der Spannbettvorspannung im Brückenbau wirtschaftlich bei Herstellung von Fertigteilen im Werk. Gewichtsbegrenzung der Fertigteile wegen Tragfähigkeit der vorhandenen Hallenkräne bzw. Transportmittel auf etwa 30 t und 15,0 m Länge.

Spannen nach dem Erhärten des Betons:
Spannstähle in Hüllrohren geführt (bei nachträglichem Verbund) oder außerhalb der Bauglieder (ohne Verbund). Nach Erhärten des Betons Anspannen der Spannglieder durch Öldruckpressen, die sich gegen den Beton abstützen. Nach Erreichen der erforderlichen Vorspannung (Manometer-Ablesung) und der dazugehörigen Dehnung (Stahldehnung + Betonstauchung = Ausziehweg) wird Verankerung festgelegt (Keile, Schrauben u. a., Seite 112, 113). Dadurch erfolgt Übertragung der Spannkraft auf den Beton.

Nachträglicher Verbund:
Hüllrohre werden mit Zementmörtel ausgepreßt. Dadurch Verbund zwischen Bauteilen und Spannstählen; gleichzeitig erfolgt durch Zementmörtel Korrisionsschutz der Spannstähle.
Bei Vorspannung mit nachträglichem Verbund gilt für alle Lastfälle, die vor Verpressen der Hüllrohre auftreten (Bauzustände), der Zustand Vorspannung ohne Verbund; oft zweckmäßig, da bei großen Spannungsverlusten durch Schwinden und Kriechen nachgespannt werden kann.
Für Bauverfahren (feldweiser Vorbau, Freivorbau, Segmentbauweise), bei denen im Zustand Vorspannung ohne Verbund hohe Spannungen und damit große Dehnungen im Spannstahl auftreten, ist dieser Zustand sorgfältig zu untersuchen. Besser ist es, diesen Zustand zu vermeiden und vorher zu verpressen.
Vorspannung nach dem Erhärten des Betons bei nachträglichem Verbund:
Wird bei vorgespannten Brücken i. d. R. angewendet.
Vorspannung ohne Verbund:
Spannglieder liegen außerhalb des tragenden Querschnittes oder in Hüllrohren, die nicht verpreßt werden. Wirkungsweise wie bei unterspanntem Träger; keine einfache Beziehung zwischen Dehnungen von Beton und Stahl (Zugbandkraft als statisch Unbestimmte).

Heute praktisch im Brückenbau nicht angewendet. Es besteht aber die Möglichkeit, Spannglieder ohne Verbund mit ausreichendem Korrosionsschutz (z. B. BBRV-Monolitzen) für die teilweise Vorspannung von Fahrbahnplatten einzusetzen.

3.8.3 Erforderliche Nachweise

Bei vorgespannten Bauteilen müssen folgende Nachweise geführt werden:
- Gebrauchslast ⎫ für Biegung
- Rissebeschränkung ⎬ Biegung mit Längskraft
- Bruchlast ⎭ und Längskraft
- Schiefe Hauptspannung und Schubdeckung unter Gebrauchslast und rechnerischer Bruchlast
- Verankerung der Spannglieder
- Spannprotokoll

3.8.3.1 Spannungsnachweise für Gebrauchslasten

Gebrauchslasten entsprechend DIN 1072 wie bei schlaff bewehrten Brücken (ständige Lasten, Verkehrslasten, Stützensenkungen, Temperatur u. a.). Zusätzlich müssen die Lastfälle Vorspannung sowie Kriechen und Schwinden untersucht werden. Beide Lastfälle gelten als Hauptlast. Die

Berechnung der Spannungen für den Zustand Gebrauchslasten erfolgt für Stadium I, da die Zugfestigkeit des Betons nicht überschritten wird.
Für volle und beschränkte Vorspannung sind die Spannungen nach Tabelle 9 der DIN 4227 einzuhalten.
Gleichgerichtete Zugspannungen aus verschiedenen Tragwirkungen (z. B. Wirkung einer Platte als Gurt eines Hauptträgers bei gleichzeitiger örtlicher Lastabtragung in der Platte) sind zu überlagern; dabei dürfen die Spannungen die Werte der Tabelle 9, Zeile 39 bis 41, nicht überschreiten.
Für Lastfallkombinationen unter Einschluß der möglichen Baugrundbewegungen nach DIN 1072 sind Nachweise der Betonzugspannungen und der Rissebeschränkung nicht erforderlich.
Bei beschränkter Vorspannung keine Zugspannungen zulässig für Lastfälle
- $G + V + Sk + P/2$ oder
- $G + V + Sk + S$ wahrscheinlich

Bei Arbeitsfugen müssen die halben zulässigen Spannungen eingehalten werden für den Lastfall
- $G + V + Sk + P/2 + S$ wahrscheinlich

Es dürfen keine Zugspannungen auftreten im Lastfall
- $G + V + Sk$

3.8.3.2 Rissebeschränkung

Zur Beschränkung der Rißbreite wird eine Bewehrung eingelegt, die für Zustand II zu ermitteln ist. Näherungsweise darf die Bewehrung auch nach Stadium I ermittelt werden (Stahlzugkraft = Betonzugkraft) (s. Abb. 3.7). Die Bewehrung ist möglichst nahe am gezogenen Rand anzuordnen und über die Breite der Zugzone zu verteilen.

Maßgebend sind folgende Lastfälle:

$1{,}35\,(G + P) + V + Sk + T + S$ wahrscheinlich

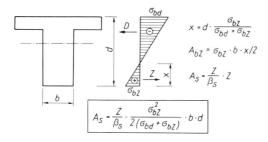

Abb. 3.7 Zugkeildeckung (Stadium I)

Die schlaffe Bewehrung darf bis zur Streckgrenze ausgenutzt werden. Spannglieder dürfen mit in Rechnung gestellt werden, wenn die Streckgrenze nicht überschritten wird und der Spannungszuwachs kleiner als die Streckgrenze des verwendeten Betonstahles bleibt. Der größte Stabdurchmesser soll folgenden Wert nicht überschreiten:

$d_s = 4r \cdot \dfrac{\mu_z}{\delta_s^2} \cdot 10^4$ gerippte Stähle $r = 65$

profilierte Stähle
und Litzen $r = 50$
glatter Spannstahl $r = 35$

$\mu_z = A_s + A_v$ bezogen auf die Zugzone A_{bz}
mit $A_{bz} \leqslant 80\,cm$

Die Mindestbewehrung ist stets anzuordnen, wenn sich aus der Bemessung oder den Konstruktionsgründen keine größere Bewehrung ergibt. Dabei ist zu beachten:

- Stababstand $\leqslant 20\,cm$
- Stabdurchmesser $d \geqslant 10\,mm$ für BSt 220/340
  $d \geqslant\ \ 8\,mm$ für BSt 420/500

6.7.6 Längsbewehrung im Stützenbereich durchlaufender Tragwerke bei Brücken und vergleichbaren Bauwerken

(1) Im Stützenbereich durchlaufender Tragwerke – mit Ausnahme massiver Vollplatten – ist eine Längsbewehrung im unteren Drittel der Stegfläche und in der unteren Platte vorzusehen, wenn die Randdruckspannungen dem Betrag nach kleiner als $1\,MN/m^2$ sind. Diese Längsbewehrung ist aus der Querschnittsfläche des gesamten Steges und der unteren Platte zu ermitteln. Der Bewehrungsprozentsatz darf bei Randdruckspannungen zwischen 0 und $1\,MN/m^2$ für BSt 420/500 bzw. 500/550 linear zwischen 0,2 % und 0 % interpoliert werden.

(2) Die Hälfte dieser Bewehrung darf frühestens in einem Abstand $(d_0 + l_0)$, der Rest in einem Abstand $(2 d_0 + l_0)$ von der Lagerachse enden (d_0 Balkendicke; l_0 Grundmaß der Verankerungslänge nach DIN 1045, Ausgabe Dezember 1978, Abschnitt 18.5.2.1).

6.8 Beschränkung von Temperatur- und Schwindrissen

(1) Wenn die Gefahr besteht, daß die Hydrationswärme des Zements in dicken Bauteilen zu hohen Temperaturspannungen und dadurch zu Rissen führt, sind geeignete Gegenmaßnahmen zu ergreifen (z. B. niedrige Frischbetontemperatur durch gekühlte Ausgangsstoffe, Verwendung von Zementen mit niedriger Hydratationswärme, Aufbringen einer Teilvorspannung, Kühlen des erhärteten Betons durch eingebaute Kühlrohre, Schutz des warmen Betons vor zu rascher Abkühlung).

(2) Auch beim abschnittsweisen Betonieren (z. B. Bodenplatte – Stege – Fahrbahnplatte bei einer Brücke) können Maßnahmen gegen Risse infolge von Temperaturunterschieden oder Schwinden erforderlich werden.

3.8.3.3 Nachweis für den rechnerischen Bruchzustand bei Biegung, Biegung mit Längskraft und bei Längskraft

Bei *statisch bestimmten Tragwerken* für den Lastfall 1,75 $(G + P)$
und bei *statisch unbestimmten* Tragwerken, wenn die Schnittlasten nach Zustand I ermittelt werden, für den Lastfall

$1,75 (G + P) + 1,0 V + 1,0 Z_w$

Z_w Zwangsbeanspruchung infolge
   – Schwinden (Berücksichtigung des Kriechens)
   – Temperatur
   – wahrscheinliche Baugrundbewegung (Berücksichtigung von Kriechen und Schwinden)
   – 0,4fache der möglichen Baugrundbewegung, wenn dies ungünstiger
V Zwangskräfte infolge Vorspannung mit Einfluß aus Kriechen und Schwinden

Werden abweichend die Schnittlasten nach Zustand II ermittelt, so gilt

$1,75 (G + P + Z_w) + 1,0 V$

Zusätzlich ist die Schubdeckung unter Gebrauchslast nachzuweisen.

Der Bruch kann bei schwach bewehrten Querschnitten durch Versagen des Spannstahles (maximale Stahldehnung $\varepsilon_{bz} = +5‰$) eintreten, bei stark bewehrten Querschnitten durch Versagen der Biegedruckzone. Für die Ermittlung der Bruchmomente wird auf das *einschlägige Schrifttum* verwiesen.

3.8.3.4 Spannungsnachweis der schiefen Hauptspannungen und Schubdeckung

für
- Gebrauchslast und
- rechnerische Bruchlast

DIN 4227, 12.1 Allgemeines

Als maßgebende Schnittkraftkombination kommen in Frage:
– Größtwerte der Querkraft mit zugehörigem Torsions- und Biegemoment,
– Größtwerte des Torsionsmomentes mit zugehöriger Querkraft und zugehörigem Biegemoment.
– Größtwerte des Biegemomentes mit zugehöriger Querkraft und zugehörigem Torsionsmoment.

- Biegezugspannung aus Quertragwirkung (Plattenwirkung einzelner Querschnittsteile) brauchen nicht berücksichtigt zu werden.
- Bei Lastfallkombinationen mit möglicher Baugrundbewegung nur Nachweis der schiefen Hauptdruckspannung unter rechnerischer Bruchlast und Nachweis der Schubbewehrung.

Bei Plattenbalken, Kastenträgern und anderen gegliederten Querschnitten sind die Schubspannungen aus Scheibenwirkung der einzelnen Querschnittsteile nicht mit den Schubspannungen aus Plattenwirkung zu überlagern.

Einzelheiten über die Spannungsnachweise im Gebrauchszustand und im rechnerischen Bruchzustand, sowie über die Bemessung der Schubbewehrung können DIN 4227 und dem *einschlägigen Schrifttum* entnommen werden.

3.8.4 Zulässige Spannungen

DIN 4227 15.5 Zulässige Betonspannungen für die Beförderungszustände bei Fertigteilen

Die zulässigen Betonzugspannungen betragen das Zweifache der zulässigen Werte für den Bauzustand.

15.6 Querbiegezugspannungen in Querschnitten, die nach DIN 1045 bemessen werden

(1) In Querschnitten, die nach DIN 1045 bemessen werden (z. B. Stege oder Bodenplatten bei Querbiegebeanspruchung), dürfen die nach Zustand I ermittelten Querbiegezugspannungen die Werte der Tabelle 9 Zeile 45 nicht überschreiten. Bei Brücken wird dieser Nachweis nur für den Lastfall H verlangt.

(2) Außerdem dürfen für den Lastfall ständige Last plus Vorspannung die nach Zustand I ermittelten Querbiegezugspannungen die Werte der Tabelle 9 Zeile 37 nicht überschreiten.

15.7 Zulässige Stahlspannungen in Spanngliedern

(1) Beim Spannvorgang darf die Spannung im Spannstahl vorübergehend die Werte nach Tabelle 9 Zeile 64 erreichen; der kleinere Wert ist maßgebend.

(2) Nach dem Verankern der Spannglieder gelten die Werte der Tabelle 9 Zeilen 65 bzw. 66 (siehe auch Abschnitt 15.4).

(3) Bei Spannverfahren, für die in den Zulassungen eine Abminderung der Spannkraft vorgeschrieben ist, muß die gleiche prozentuale Abminderung sowohl beim Spannen als auch nach dem Verankern der Spannglieder berücksichtigt werden.

15.8 Gekrümmte Spannglieder

In aufgerollten oder gekrümmt verlegten, gespannten Spanngliedern dürfen die Randspannungen den Wert $\beta_{0,01}$ nicht überschreiten. Die Randspannungen für Litzen dürfen mit dem halben Nenndurchmesser ermittelt werden.

15.9 Nachweise bei nicht vorwiegend ruhender Belastung

15.9.1 Allgemeines

(1) Mit Ausnahme der in den Abschnitten 15.9.2 und 15.9.3 genannten Fälle sind Nachweise der Schwingbreite für Betonstahl und Spannstahl nicht erforderlich.
(2) Für die Verwendung geschweißter Betonstahlmatten gilt DIN 1045, (Ausgabe Dezember 1978), Abschnitt 17.8; für die Schubsicherung bei Eisenbahnbrücken dürfen jedoch geschweißte Betonstahlmatten nicht verwendet werden.

15.9.2 Endverankerungen mit Ankerkörpern und Kopplungen

(1) An Endverankerungen mit Ankerkörpern sowie an festen und beweglichen Kopplungen der Spannglieder ist der Nachweis zu führen, daß die Schwingbreite das 0,7fache des im Zulassungsbescheid für das Spannverfahren angegebenen Wertes der ertragenen Schwingbreite nicht überschreitet.
(2) Dieser Nachweis ist, sofern im Querschnitt Zugspannungen auftreten, nach Zustand II zu führen. Hierbei sind nur die durch häufige Lastwechsel verursachten Spannungsschwankungen zu berücksichtigen, wie z. B. durch nicht vorwiegend ruhende Lasten nach DIN 1055 Teil 3; bei Verkehrslasten von Brücken dürfen die in DIN 1075 (Ausgabe April 1981), Abschnitt 9.3 genannten Abminderungsfaktoren α berücksichtigt werden.
(3) In diesen Querschnitten ist auch die Schwingbreite im Betonstahl nachzuweisen. Die ermittelten Schwingbreiten dürfen die Werte von DIN 1045, (Ausgabe Dezember 1978), Abschnitt 17.8 nicht überschreiten.
(4) Bei diesem Nachweis sind in Querschnitten mit festen oder beweglichen Kopplungen außer den ständigen Lasten und der Vorspannung nach Kriechen und Schwinden folgende Beanspruchungen als ständig wirkend zu berücksichtigen, soweit sie hinsichtlich der Spannungsschwankungen ungünstig wirken:
– Wahrscheinliche Baugrundbewegungen nach Abschnitt 9.2.6
– Temperaturunterschiede nach Abschnitt 9.2.5

– Zusatzmoment $\Delta M = \pm \dfrac{EI}{10^4 d_0}$ \hspace{1em} (23)

Hierin bedeuten:
EI Biegesteifigkeit im Zustand I
d_0 Querschnittsdicke des jeweils betrachteten Querschnitts
(5) ΔM nach Gleichung (23) ist ausschließlich bei diesem Nachweis zu berücksichtigen.

15.9.3 Endverankerung von Spanngliedern mit sofortigem Verbund

Es ist nachzuweisen, daß die Änderung der Spannung aus häufigen Lastwechseln (siehe Abschnitt 15.9.2) am Ende der Übertragungslänge bei gerippten und profilierten Drähten nicht größer als 70 MN/m^2, bei Litzen nicht größer als 50 MN/m^2 ist.

DIN 4227 Tabelle 9

	1	2	3	4	5	6
	Querschnittsbereich	Anwendungsbereich	Zul. Spannungen [MN/m^2]			
			B 25	B 35	B 45	B 55
Beton auf Druck infolge von Längskraft und Biegemoment im Gebrauchszustand						
1	Druckzone	Mittiger Druck in Säulen und Druckgliedern	8	10	11,5	13
2		Randspannung bei Voll- (z. B. Rechteck-)Querschnitt (einachsige Biegung)	11	14	17	19
3		Randspannung in Gurtplatten aufgelöster Querschnitte (z. B. Plattenbalken und Hohlkastenquerschnitte)	10	13	16	18
4		Eckspannung bei zweiachsiger Biegung	12	15	18	20
5	vorgedrückte Zugzone	Mittiger Druck	11	13	15	17
6		Randspannung bei Voll- (z. B. Rechteck-)Querschnitt (einachsige Biegung)	14	17	19	21
7		Randspannung in Gurtplatten aufgelöster Querschnitte (z. B. Plattenbalken und Hohlkastenquerschnitte)	13	16	18	20
8		Eckspannung bei zweiachsiger Biegung	15	18	20	22

DIN 4227 Tabelle 9 (Fortsetzung)

	1	2	3	4	5	6
	\multicolumn{2}{}{}	\multicolumn{4}{}{}				

Beton auf Zug infolge von Längskraft u. Biegemoment im Gebrauchszustand
Bei Brücken und vergleichbaren Bauwerken nach Abschnitt 6.7.1

	1	2	3	4	5	6
	Vorspannung	Anwendungsbereich	\multicolumn{4}{Zul. Spannungen [MN/m²]}			
			B 25	B 35	B 45	B 55
27	volle Vorspannung	unter Hauptlasten: Mittiger Zug	0	0	0	0
28		Randspannung	0	0	0	0
29		Eckspannung	0	0	0	0
30		unter Haupt- u. Zusatzlasten: Mittiger Zug	0,6	0,8	0,9	1,0
31		Randspannung	1,6	2,0	2,2	2,4
32		Eckspannung	2,0	2,4	2,7	3,0
33		Bauzustand: Mittiger Zug	0,3	0,4	0,4	0,5
34		Randspannung	0,8	1,0	1,1	1,2
35		Eckspannung	1,0	1,2	1,4	1,5
36	beschränkte Vorspannung	unter Hauptlasten: Mittiger Zug	1,0	1,2	1,4	1,6
37		Randspannung	2,5	2,8	3,2	3,5
38		Eckspannung	2,8	3,2	3,6	4,0
39		unter Haupt- u. Zusatzlasten: Mittiger Zug	1,2	1,4	1,6	1,8
40		Randspannung	3,0	3,6	4,0	4,5
41		Eckspannung	3,5	4,0	4,5	5,0
42		Bauzustand: Mittiger Zug	0,8	1,0	1,1	1,2
43		Randspannung	2,0	2,2	2,5	2,8
44		Eckspannung	2,2	2,6	2,9	3,2

Biegespannung aus Quertragwirkung beim Nachweis nach Abschnitt 15.6

| 45 | | | 3,0 | 4,0 | 5,0 | 6,0 |

DIN 4227 Tabelle 9 (Fortsetzung)

Beton auf Schub						
Schiefe Hauptzugspannung im Gebrauchszustand						
	1	2	3	4	5	6
	Vorspannung	Beanspruchung	Zul. Spannungen MN/m²			
			B 25	B 35	B 45	B 55
46	volle Vorspannung	Querkraft, Torsion, Querkraft plus Torsion in der Mittelfläche	0,8	0,9	0,9	1,0
47		Querkraft plus Torsion	1,0	1,2	1,4	1,5
48	beschränkte Vorspannung	Querkraft, Torsion, Querkraft plus Torsion in der Mittelfläche	1,8	2,2	2,6	3,0
49		Querkraft plus Torsion	2,5	2,8	3,2	3,5
Schiefe Hauptzugspannungen bzw. Schubspannungen im rechnerischen Bruchzustand ohne Nachweis der Schubbewehrung (Zone a und Zone b)						
	1	2	3	4	5	6
	Beanspruchung	Bauteile	Zul. Spannungen [MN/m²]			
			B 25	B 35	B 45	B 55
50	Querkraft	bei Balken	1,4	1,8	2,0	2,2
51		bei Platten*) (Querkraft senkrecht zur Platte)	0,8	1,0	1,2	1,4
52	Torsion	bei Vollquerschnitt	1,4	1,8	2,0	2,2
53		in der Mittelfläche von Stegen und Gurten	0,8	1,0	1,2	1,4
54	Querkraft plus Torsion	in der Mittelfläche von Stegen und Gurten	1,4	1,8	2,0	2,2
55		bei Vollquerschnitt	1,8	2,4	2,7	3,0
*) Für dicke Platten ($d > 30$ cm) siehe Abschnitt 12.4.1						

DIN 4227 Tabelle 9 (Fortsetzung)

	1	2	3	4	5	6
	**Grundwerte der Schubspannung im rechnerischen Bruchzustand in Zone b und in Zuggurten der Zone a**					
	Beanspruchung	Bauteile	Zul. Spannungen [MN/m^2]			
			B 25	B 35	B 45	B 55
56	Querkraft	bei Balken	5,5	7,0	8,0	9,0
57		bei Platten (Querkraft senkrecht zur Platte)	3,2	4,2	4,8	5,2
58	Torsion	bei Vollquerschnitten	5,5	7,0	8,0	9,0
59		in der Mittelfläche von Stegen und Gurten	3,2	4,2	4,8	5,2
60	Querkraft plus Torsion	in der Mittelfläche von Stegen und Gurten	5,5	7,0	8,0	9,0
61		bei Vollquerschnitten	5,5	7,0	8,0	9,0

Beton auf Schub

Schiefe Hauptdruckspannungen im rechnerischen Bruchzustand in Zone a u. b

	1	2	3	4	5	6
	Beanspruchung	Bauteile	Zul. Spannungen [MN/m^2]			
			B 25	B 35	B 45	B 55
62	Querkraft, Torsion, Querkraft plus Torsion	in Stegen	11	16	20	25
63	Querkraft, Torsion, Querkraft plus Torsion	in Gurtplatten	15	21	27	33

3.8.5 Kriechen und Schwinden

Kriechen des Betons ist die bleibende (plastische) Verformung, die unter ständiger Drucklast über einen längeren Zeitraum hinweg auftritt. Wenn diese Verformung des Betons nicht behindert wird, so treten im Beton keine zusätzlichen Spannungen auf. Erfolgt Verkürzung des Betons, dann stets Spannungsabminderung im Spannstahl (etwa 8 bis 15%). Diese muß wegen des großen Einflusses der Vorspannung auf das Spannungsbild vorgespannter Konstruktionen stets berücksichtigt werden. Auch der

DIN 4227 Tabelle 9 (Fortsetzung)

Stahl auf Zug		
Stahl der Spannglieder		
	1	2
	Beanspruchung	Zul. Spannungen
64	vorübergehend, im Spannbett besonders beim Spannen (s. auch Abschn. 9.3 u. 15.7)	$0.8\beta_s$ bzw. $0.65\beta_z$
65	im Gebrauchszustand	$0.75\beta_s$ bzw. $0.55\beta_z$
66	im Gebrauchszustand bei Dehnungsbehinderung (siehe Abschnitt 15.4)	5% mehr als nach Zeile 65
67	Randspannungen in Krümmungen (siehe Abschnitt 15.8)	$\beta_{0,01}$
Betonstahl		
	1	2	3
	Beanspruchung	Betonstahl BSt	Zul. Spannungen [MN/m^2]
68	Zur Aufnahme der im Gebrauchszustand auftretenden Zugspannungen	220/340 GU 420/500 RU, RK 500/550 RK	$\beta_s/1{,}75$
69		500/550 GK	240
70	Beim Nachweis zur Beschränkung der Rißbreite, zur Aufnahme der Zugkräfte, bei Biegung im rechnerischen Bruchzustand u. z. Bemessung der Schubbewehrung	220/340 GU	220
71		420/500 RU, RK 500/550 GK 500/550 RK	420 420 500*)

*) Nur für geschweißte Betonstahlmatten, Stabstähle siehe Zulassung.

Vorspannstahl selbst kann Kriecherscheinungen unterworfen sein, aber nur bei sehr hohen Spannungen (Kriechgrenze), die i. allg. bei Gebrauchslasten nicht überschritten wird.

Das *Schwinden* des Betons ist die Längenänderung (Verkürzung) durch Austrocknen beim Abbindeprozeß (DIN 4227).

Kriechen und Schwinden haben im allgemeinen zeitlich gleichen Verlauf und können daher zusammen berücksichtigt werden.

Der relative Spannkraftverlust läßt sich mit genügender Genauigkeit durch nachstehende Formeln berechnen.

$$\frac{Z_{ks}}{Z_v} = \frac{\varepsilon_{s,t} \cdot E_z + n \cdot \varphi_t \cdot \sigma_{b,vd}}{\sigma_{zv} - n \cdot \sigma_{bv}(1 + \varrho \cdot \varphi_t)}$$

Z_{ks} Zugkraftverlust im Spannstahl infolge Kriechens und Schwindens des Betons
Z_v Zugkraft im Spannstahl
$\varepsilon_{s,t}$ Schwindmaß im Zeitpunkt t
E_z Elastizitätsmodul des Spannstahls
n E_z/E_b
E_b Elastizitätsmodul des Betons
φ_t Kriechzahl des Betons im Zeitpunkt t
ϱ Relaxationskennwert (nach Trost), i. d. R. $\varrho = 0{,}7$
σ_{zv} Spannung im Spannstahl
σ_{bv} Betonspannung aus Vorspannung in Höhe des Spanngliedes
$\sigma_{b,vd}$ Betonspannung aus Dauerlasten (Vorspannung, Eigenlast) in Höhe des Spanngliedes

Schwindmaß und Druckspannungen sind mit negativen Vorzeichen einzusetzen.
Die Formel gilt nur für einsträngige Vorspannung unter der Voraussetzung, daß volle Dauerlast und Vorspannung gleichzeitig aufgebracht werden. Für mehrsträngige Vorspannung und bei nachträglicher Änderung der Dauerlasten wird auf die im Betonkalender abgedruckten Abschnitte verwiesen.

Es wird besonders darauf hingewiesen, daß durch Kriechen und Schwinden bei statisch unbestimmten Konstruktionen erhebliche Zwängungskräfte und dadurch Kräfteumlagerungen entstehen können, ebenso wie bei Änderung des statischen Systems, z. B.
a) bei Stützensenkungen
b) Freivorbau
c) feldweiser Herstellung von Überbauten
d) nachträglichem Herstellen der Durchlaufwirkung

Bei vorgespannten Brücken ist stets die *Lagerverschiebung* infolge Vorspannung sowie Kriechens und Schwindens nachzuweisen (elastische und plastische Längenänderung). Für den Kriechbeiwert φ (DIN 4227) sind je ein oberer und unterer Grenzwert einzusetzen. Bei Herstellung der Bauwerke in einzelnen Abschnitten (feldweiser Vorbau, Freivorbau u. a.) müssen stets folgende Möglichkeiten untersucht werden:
a) abschnittsweises Kriechen entsprechend der Herstellung der einzelnen Bauabschnitte
b) Kriechen für das Gesamtsystem

Nach DIN 4227, 8.3:

$\varphi_t = \varphi_{f0} \cdot (k_{f,t} - k_{f,a}) + 0{,}4 k_v (t - a)$ (4)

Hierin bedeuten:

φ_{f0} Grundfließzahl nach Tabelle 8 Spalte 3
k_f Beiwert nach Bild 1 für den zeitlichen Ablauf des Fließens unter Berücksichtigung der wirksamen Körperdicke d_{ef} nach Abschnitt 8.5, der Zementart und des wirksamen Alters
t Wirksames Betonalter zum untersuchten Zeitpunkt nach Abschnitt 8.6
a Wirksames Betonalter beim Aufbringen der Spannung nach Abschnitt 8.6
k_v Beiwert nach Bild 2 unter Berücksichtigung des zeitlichen Ablaufs der verzögert elastischen Verformung

Wenn sich der zu untersuchende Kriechprozeß über mehr als 3 Monate erstreckt, darf vereinfachend $k_{v,(t-t_0)} = 1$ gesetzt werden.

Nach DIN 4227, 8.4:

$\varepsilon_{s,t} = \varepsilon_{s0} \cdot (k_{s,t} - k_{s,a})$ (5)

Hierin bedeuten:

ε_{s0} Grundschwindmaß nach Tabelle 8 Spalte 4.
k_s Beiwert zur Berücksichtigung der zeitlichen Entwicklung des Schwindens nach Bild 3
t Wirksames Betonalter zum untersuchten Zeitpunkt nach Abschnitt 8.6
a Wirksames Betonalter nach Abschnitt 8.6 zu dem Zeitpunkt, von dem ab der Einfluß des Schwindens berücksichtigt werden soll.

Nach DIN 4227, 8.5:

Für die wirksame Körperdicke gilt die Gleichung

$$d_{ef} = k_{ef} \cdot \frac{2 \cdot A}{u}$$

k_{ef} Beiwert nach Tabelle 8 Spalte 5 zur Berücksichtigung des Einflusses der Feuchte auf die wirksame Dicke
A Fläche des gesamten Betonquerschnittes
u Die Abwicklung der der Austrocknung ausgesetzten Begrenzungsfläche des gesamten Betonquerschnittes. Bei Kastenträgern ist im allgemeinen die Hälfte des inneren Umfangs zu berücksichtigen.

Nach DIN 4227, 8.6:

(1) Wenn der Beton unter Normaltemperatur erhärtet, ist das wirksame Betonalter gleich dem wahren Betonalter. In den übrigen Fällen tritt an die Stelle des wahren Alters das durch Gleichung (7) bestimmte wirksame Betonalter.

$$t = \sum_i \frac{T_i + 10°C}{30°C} \Delta t_i \qquad (7)$$

Hierin bedeuten:

t Wirksames Betonalter
T_i Mittlere Tagestemperatur des Betons in °C
Δt_i Anzahl der Tage mit mittlerer Tagestemperatur T_i des Betons in °C
Bei der Bestimmung von t_0 ist sinngemäß zu verfahren.

Tabelle 8   Grundfließzahl und Grundschwindmaß in Abhängigkeit von der Lage des Bauteils, Richtwerte

	1	2	3	4	5
	Lage des Bauteils	Mittlere relative Luftfeuchte in % etwa φ_{f0}	Grundfließzahl φ_{f0}	Grundschwindmaß ε_{s0}	Beiwert k_{ef} nach Abschnitt 8.5
1	im Wasser		0,8	$+10 \cdot 10^{-5}$	30
2	in sehr feuchter Luft, z. B. unmittelbar über dem Wasser	90	1,3	$-13 \cdot 10^{-5}$	5,0
3	allgemein im Freien	70	2,0	$-32 \cdot 10^{-5}$	1,5
4	in trockener Luft, z. B. in trockenen Innenräumen	50	2,7	$-46 \cdot 10^{-5}$	1,0
	Anwendungsbedingungen siehe Tabelle 7				

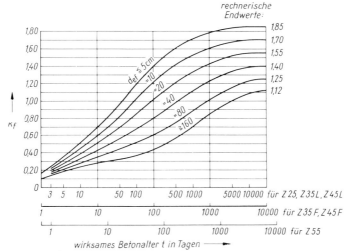

Beiwert k_f

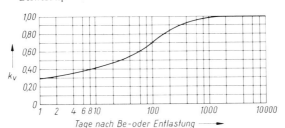

Verlauf der verzögert elastischen Verformung

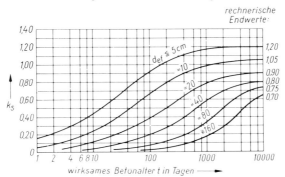

Beiwerte k_s

Tabelle 7 Endkriechzahl und Endschwindmaß in Abhängigkeit vom wirksamen Betonalter und der mittleren Dicke des Bauteils Richtwerte (DIN 4227)

Kurve	Lage des Bauteils	Mittlere Dicke $d_m = 2\frac{A}{u}$*	Endkriechzahlen φ_∞	Endschwindmaß $\varepsilon_{S\infty}$
1	feucht, im Freien rel. Luftfeuchte $\approx 70\%$	klein (≤ 10 cm)		
2		groß (≥ 80 cm)		
3	trocken, in Innenräumen (rel' Luftfeuchte $\approx 50\%$)	klein (≤ 10 cm)		
4		groß (≥ 80 cm)		

Kurven-Diagramme: Endkriechzahlen φ_∞ aufgetragen über Betonalter t_0 bei Belastungsbeginn in Tagen (0, 3, 10, 20, 30, 40, 50, 60, 70, 80, 90); Werte φ_∞: 1,0; 2,0; 3,0; 4,0. Endschwindmaß $\varepsilon_{S\infty}$ aufgetragen über Betonalter t_0 nach Abschnitt 8.4 in Tagen; Werte: $-10\cdot10^{-5}$, $-20\cdot10^{-5}$, $-30\cdot10^{-5}$, $-40\cdot10^{-5}$.

Anwendungsbedingungen: Die Werte der Tabelle 7 gelten für den Konsistenzbereich K 2. Für die Konsistenzbereiche K 1 bzw. K 3 sind die Zahlen um 25% zu ermäßigen bzw. zu erhöhen. Bei Verwendung von Fließmitteln darf die Ausgangskonsistenz angesetzt werden.
Die Tabelle gilt für Beton, der unter Normaltemperatur erhärtet und für den Zement der Festigkeitsklassen (Z 25, Z 35 F und Z 45 F verwendet wird. Der Einfluß auf das Kriechen von Zement mit langsamer Erhärtung (Z 25, Z 35 L, Z 45 L) bzw. mit sehr schneller Erhärtung (Z 55) kann dadurch berücksichtigt werden, daß die Richtwerte für den halben bzw. 1,5fachen Wert des Betonalters bei Belastungsbeginn abzulesen sind.

*) A Fläche des Betonquerschnitts; u der Atmosphäre ausgesetzter Umfang des Bauteils

4 Baustoffe

Für Beton-, Stahlbeton- und Spannbetonbrücken wird verwendet:
- unbewehrter Beton
  mindestens Festigkeitsklasse B 15 wird verwendet bei Bauteilen, bei denen keine oder nur geringe Zugspannungen auftreten (klaffende Fuge höchstens über 1/4 des Querschnittes)
  - gewölbte Durchlässe ⎱ Stützliniengewölbe
  - Bogenbrücken ⎰
  - Stützen, Pfeiler, Widerlager, Fundamente kleinerer Abmessungen
- Stahlbeton
  mindestens Festigkeitsklasse B 15, möglichst B 25 oder B 35
  Verwendungen bei allen Bauteilen der Überbauten (Fahrbahnplatten, Querträger, Hauptträger) und der Unterbauten (Stützen, Pfeiler, Widerlager, Fundamente)
- Spannbeton
  mindestens Festigkeitsklasse B 25, vorzugsweise B 35 und B 45
  Verwendungen für weitgespannte Brückenbauten und Tragwerksteile mit großer Stützweite oder sehr hoher Belastung

4.1 Beton

Die Zusammensetzung des Betons muß so gewählt werden, daß folgende Anforderungen gewährleistet werden:
- ausreichende Festigkeit,
- Beständigkeit des Betons,
- dauerhafter Korrosionsschutz der Bewehrung und der Spannstähle.

Für die einzelnen Bestandteile des Betons sind deren Eigenschaften laufend zu überprüfen und zu überwachen:
- Eignungsnachweis für Zuschläge,
- Untersuchung des Anmachwassers,
- Zulassung von Zusatzmitteln,
- Eignungsprüfung des Betons.

4.1.1 Festigkeitsklassen

B 10 Mindestanforderung für Fundamente aus unbewehrtem Beton (DIN 1075, 7.3)

B 15   Mindestanforderung für Stützen, Pfeiler und Widerlager aus unbewehrtem Beton (DIN 1075, 7.3)
B 25   Mindestanforderung für Auflagerbänke (DIN 1075, 8.2)
       Bauteile aus Stahlbeton
       Spannbeton mit nachträglichem Verbund (DIN 4227 Teil 1, 3.1.1)
B 35   Mindesanforderung für Spannbeton mit sofortigem Verbund (DIN 4227 Teil 1, 3.1.2)

Vorzugsweise wird verwendet für

Stahlbetonbauteile	B 25 und B 35
Spannbetonbauteile	B 35 und B 45
Fertigteile	B 45 und B 55

Für Eisenbahnbrücken gilt: DS 804 (VEI)

336 – Für die im Beton-, Stahlbeton- und Spannbetonbau zu verwendenden Baustoffe gelten die Festlegungen in DIN 1045, DIN 1075 und DIN 4227 sowie die allgemeinen bauaufsichtlichen Zulassungen für Spannverfahren.
Für Brücken und sonstige Ingenieurbauwerke sollen folgende Festigkeitsklassen des Betons angewendet werden:

Fundamente	B 15
Widerlager ausschließlich Auflagerbänke	B 25, B 35
Stahlbetonüberbauten	B 25 bis B 45
Spannbetonüberbauten	B 35 bis B 55

4.1.2 Zuschlagstoffe

Die Zuschläge müssen DIN 4226 entsprechen, von besonderer Bedeutung sind:

● Art und Eigenschaften des Gesteins,
  Druckfestigkeit,
  Wasserbeständigkeit,
  Frostbeständigkeit,
  Tausalzbeständigkeit.
● Gehalt an schädlichen Bestandteilen:
  organische Stoffe,
  Schwefelverbindungen (Sulfate),
  alkaliempfindliche Bestandteile (Opal, Flint),
  salzhaltige Beimengungen (Nitrate, Halogenide).
  Bei Zuschlägen für Spannbeton mit sofortigem Verbund (ohne Hüllrohre) darf der Gehalt an wasserlöslichem Chlorid 0,02% nicht überschreiten (DIN 4226, 7.6.6).
● Form und Oberflächenbeschaffenheit des Zuschlagkornes:
  Form möglichst gedrungen (kugel- oder würfelförmig, nicht plattig,

Länge : Dicke < 3 : 1),
Oberfläche möglichst rauh (bessere Haftung des Zementsteines).
- Kornzusammensetzung (DIN 1045, 6.2): möglichst grobkörniges und hohlraumarmes Gemisch, Größtkorn im Brückenbau allgemein 32 mm, bei feingliedrigen Bauteilen oder engliegender Bewehrung Größtkorn 16 mm.
Kornverteilung in Zuschlaggemisch nach DIN 1045 (Abb. 1 bis 4) für stetige Körnung (ZTV – K 80, 6.7.1.2), Sieblinienbereich A–B.
- Lagerung der Zuschlagstoffe derart, daß keine Verunreinigung oder Entmischung bzw. Vermischung der einzelnen Korngruppen erfolgen kann. Der Boden der Boxen ist als feste Unterlage herzustellen (ZTV – K 80, 6.7.1.2).
- Die Betonzuschläge sind nach mindestens drei Korngruppen zu lagern und zuzugeben (ZTV – K 80, 6.7.1.2). Das Abmessen der Zuschläge ist nur nach Gewicht zugelassen (ZTV – K 80, 6.7.3.1).

4.1.3 Anmachwasser

Als Zugabewasser ist das in der Natur vorkommende Wasser geeignet, wenn es nicht Bestandteile enthält, welche die Erhärtung des Betons beeinträchtigen oder den Korrosionsschutz der Bewehrung vermindern:
– öl-, fett- und zuckerhaltige Wässer,
– durch Industrieabwässer verunreinigtes Flußwasser,
– stark kohlensäurehaltiges Wasser (Grundwasser),
– huminhaltiges Wasser,
– Wasser mit hohem Chloridgehalt.
Für Spannbetonbauteile (DIN 4227 Teil 1, 3.1.1) Chloridgehalt des Zugabewassers 600 mg/Liter.
Für Einpreßmörtel (DIN 4227 Teil 5) Chloridgehalt des Zugabewassers 300 mg/Liter.
Bei Spannbetonbauteilen kein Meerwasser und anderes salzhaltiges Wasser (DIN 4227 Teil 1, 3.1.1).
Im Zweifelsfalle ist eine Untersuchung des Zugabewassers auf seine Eignung zur Betonherstellung durchzuführen.
Das Zugabewasser ist mit leicht kontrollierbaren automatischen Vorrichtungen zuzugeben (ZTV – K 80, 6.7.3.2).
Bei der Ermittlung der Menge des Zugabewassers ist die Eigenfeuchtigkeit der Zuschlagstoffe zu berücksichtigen.

4.1.4 Bindemittel

Für die Herstellung von unbewehrtem Beton, von Stahlbeton und von Spannbeton mit *nachträglichem* Verbund muß Zement nach DIN 1164

oder bauaufsichtlich als gleichwertig zugelassener Zement verwendet werden (DIN 1045, 6.1).
Für Vorspannung mit sofortigem Verbund nur Verwendung von Zement der Festigkeitsklasse Z 45 und Z 55 sowie PZ und EPZ der Festigkeitsklasse Z 35 F zugelassen (DIN 4227 Teil 1, 3.1.2). Für *Einpreßmörtel* von Spannbeton nur Verwendung von PZ der Festigkeitsklasse Z 35 F nach DIN 1164 (DIN 4227 Teil 5).
Bei Verwendung alkalihaltiger Zuschlagstoffe wird Zement mit niedrigem wirksamen Alkaligehalt (NA-Zement) empfohlen (DIN 1164).
Es darf nur abgekühlter Zement verwendet werden.
Für massige Bauteile (z. B. massive Pfeiler, Widerlager, Stützwände) ist bei der Auswahl des Zementes mit darauf zu achten, daß die Wärmeentwicklung des Betons niedrig gehalten wird (ZTV – K 80, 6.7.1.1).

PZ Portlandzement
EPZ Eisenportlandzement
HOZ Hochofenzement
TrZ Traßzement
HS Zement mit hohem Sulfatwiderstand
NW Zement mit niedriger Hydratationswärme.

Die Zemente werden geliefert in den Festigkeitsklassen (28-Tage-Druckfestigkeit) Z 25, Z 35, Z 45, Z 55.

Die Zusätze L und F hinter der Festigkeitsklasse bedeuten bei PZ, EPZ, HOZ und TrZ
L Zement mit langsamer Anfangshärtung
F Zement mit höherer Anfangsfestigkeit
Festigkeitsanforderungen und Kennzeichnung der Zementsäcke sind in Tabelle 4.1 aufgeführt.

Tabelle 4.1 Druckfestigkeit und Kennfarben für Zement nach DIN 1164

Festigkeits-klasse		Druckfestigkeit in		nach 28 Tagen		Kennfarben für Sack	
		2 Tagen min.	7 Tagen min.	min.	max.	Kenn-farbe	Aufdruck-farbe
25		–	10	25	45	violett	schwarz
35	L	–	17,5	35	55	hellbraun	schwarz
	F	10	–				rot
45	L	10	–	45	65	grün	schwarz
	F	20	–				rot
55	–	30	–	55	–	rot	schwarz

4.1.5 Betonzusätze

- Betonzusatzmittel (chemisch oder physikalisch wirkende Mittel) zur Beeinflussung der Eigenschaften von Mörtel und Beton, die in geringen Mengen zugegeben werden, maximal 50 g/kg Zement oder 50 cm^3/kg Zement:
  BV   Betonverflüssiger
  LP   Luftporenbildner
  DM   Betondichtungsmittel
  VZ   Erstarrungsverzögerer
  BE   Erstarrungsbeschleuniger
- Betonzusatzstoffe, im allgemeinen mineralische Zusatzstoffe:
  Gesteinsmehle,
  Hochofenschlacke,
  Traß,
  Steinkohlenflugasche.

Es dürfen nur Zusatzmittel mit gültigen Prüfzeichen und unter den im Prüfbescheid bzw. in der bauaufsichtlichen Zulassung angegebenen Bedingungen verwendet werden. Korrosionsfördernde Stoffe (Chloride, chloridhaltige u. a.) dürfen nicht zugesetzt werden (DIN 1045, 6.3.1).
Betonzusatzstoffe dürfen das Erhärten des Zements, die Festigkeit und die Beständigkeit des Betons sowie den Korrosionsschutz der Bewehrung nicht beeinträchtigen (DIN 1045, 6.3.2).
Prüfbescheide bzw. die allg. bauaufsichtlichen Zulassungen sind dem Auftraggeber für Betonzusatzmittel und nicht genormte Betonzusatzstoffe vorzulegen (ZTV – K 80, 6.7.1.3). Für Spannbetonbauten dürfen Betonzusatzmittel nur dann verwendet werden, wenn für sie ein Prüfbescheid erteilt ist, der die Anwendung für Spannbeton ausdrücklich gestattet (DIN 4227 Teil 1, 3.1.1).

4.1.6 Betonzusammensetzung (ZTV – K 80, 6.7.2)

Wegen der bei Brücken und anderen Kunstbauten erforderlichen Betonqualität sind – unter anderem – folgende Tabellenwerte einzuhalten:

Festigkeitsklasse des Betons	Größtkorn (mm)	Mehlkorngehalt (kg/m^3)	Zement (kg/m^3)	w/z
B 25	16 32	$\leq$ 470 $\leq$ 430	min. 300 max. 370	$\leq$ 0,55
B 35	16 32	$\leq$ 470 $\leq$ 430	min. 300 max. 370	$\leq$ 0,5
B 45	16 32	$\leq$ 470 $\leq$ 430	min. 300 max. 400	$\leq$ 0,5

Fehlender Mehlkorngehalt der Zuschläge darf nicht durch Zugabe von Zement über die in der Eignungsprüfung festgelegte Menge hinaus ersetzt werden.
Für Kappen und Gesimse siehe Abschnitt 6.7.5.

Betonkonsistenz
Die Konsistenz des Betons ist mit dem Auftraggeber vor Baubeginn festzulegen. Weicher Beton (K 3) darf nur in begründeten Ausnahmefällen verwendet werden.

4.1.7 Bereiten, Verarbeiten und Nachbehandeln (ZTV-K 80, 6.7.3)

Abmessen der Betonzuschläge
Das Abmessen der Zuschläge ist nur nach Gewicht zugelassen.

Abmessen des Zugabewassers
Das Zugabewasser ist mit leicht kontrollierbaren automatischen Vorrichtungen zuzugeben.

Mischen
Ist im Einzelfall Fließbeton vereinbart, so ist bei Transportbeton der Verflüssiger auf der Baustelle zuzusetzen und der Beton im Mischfahrzeug nochmals ausreichend zu durchmischen.

Einbringen, Verdichten und Oberflächenschutz
Der Frischbeton ist mit Rüttlern nach DIN 4235 zu verdichten.
Bei Überbauten und Kappen sind die oberen Flächen zusätzlich mit Rüttelbohlen abzuziehen. Der Beton darf keine wäßrige Schlämme abstoßen. Die oberen Flächen müssen feinkörnig – geschlossen und frei von Mörtelwülsten und -graten – sein. Sie dürfen weder abmehlen noch absanden; ihre Abreißfestigkeit muß mindestens 1,5 N/mm^2 (Messung z. B. mit Heriongerät) betragen.

Nachbehandeln
Die Betonoberflächen sind wärmedämmend und verdunstungshemmend abzudecken. Die Nachbehandlung ist nach Umfang und Dauer so auszulegen, daß bei etwa auftretendem Temperaturgefälle Risse entstehen können.
Chemische Nachbehandlungsmittel sind bei oberen Flächen von Überbauten und Kappen sowie Arbeitsfugen nur mit Zustimmung des Auftraggebers zugelassen.

Nachbessern
Jegliches Nachbessern der Betonflächen, z. B. Verpressen, Verputzen, Schlämmen, bedarf der Zustimmung des Auftraggebers.
Bei Spannbetonbauteilen ist ausgetretener Einpreßmörtel restlos zu entfernen. Aus der Betonfläche herauskragende Metallstücke und Entlüftungsröhrchen sind bis 3 cm unter der Oberfläche sorgfältig zu entfernen und mit geeignetem Mörtel zu schließen. Unter Fahrbahnabdichtungen dürfen sie mit Oberkante Beton abschließen.

4.1.8 Beton für Sichtflächen (ZTV-K 80, 6.7.4)

Für alle Sichtflächen gelten folgende Anforderungen:
- fluchtgerechte, einheitliche, geschlossene, ebene und porenarme Oberfläche,
- einheitliche Farbtönung aller Sichtbetonflächen einzelner Bauwerksteile,
- Maßhaltigkeit und fehlerfreie Kanten der Bauwerksteile,
- zweckmäßige, unauffällige Anordnung und einwandfreie Ausführung von Arbeitsfugen.

Beton für Sichtflächen, der diesen Bedingungen nicht entspricht, gilt als mangelhaft im Sinne der VOB/B.

4.1.9 Beton für Kappen (ZTV-K 80, 6.7.5)

Allgemeines
Der Beton muß eine hohe Widerstandsfähigkeit gegen Frost- und Tausalzbeanspruchung aufweisen. Diese besonderen Eigenschaften erfordern große Sorgfalt bei Zusammensetzung, Herstellung, Einbau und Nachbehandlung des Betons.

Festigkeit
Die Betonfestigkeit muß mindestens einem B 25 entsprechen. Zu hohe Festigkeiten sind jedoch wegen der damit verbundenen erhöhten Neigung zur Rißbildung zu vermeiden. Die Würfeldruckfestigkeit braucht erst nach 56 Tagen erreicht sein.

Zement
Es ist ein Zement nach DIN 1164 der Festigkeitsklasse Z 35 L zu verwenden.
Zemente mit einem Hüttensandgehalt von mehr als 60 Gewichts-% dürfen nicht verwendet werden.
Der Zementgehalt darf 350 kg/m^3 nicht überschreiten.

Wasserzementwert, Konsistenz
Der Wasserzementwert muß $\leq 0{,}50$ sein.
Die Konsistenz K 2 ist – vor Zugabe etwaiger Betonzusatzmittel – einzuhalten.

Zuschlag für Beton
Es ist natürlicher oder künstlicher Zuschlag mit dichtem Gefüge nach DIN 4226 und Größtkorn 32 mm zu verwenden. Er muß hohen Widerstand gegen starke Frosteinwirkung haben. Bei der Prüfung nach DIN 4226 darf der Gewichtsverlust 2% nicht überschreiten.
Der Mehlkorngehalte darf 400 kg/m^3 nicht überschreiten.

Betonzusatzmittel
Dem Beton sind Luftporenbildner zuzugeben. Diese Regelung gilt nicht für Eisenbahnbrücken. Andere geeignete Verfahren zur Erzielung einer Widerstandsfähigkeit gegen Frost-/Tausalzangriff bedürfen der Zustimmung des Auftraggebers.
Werden weitere Zusatzmittel verwendet, ist die Eignungsprüfung mit der vorgesehenen Kombination durchzuführen.
Bei der Betonherstellung darf der Luftgehalt im Frischbeton geprüft nach DIN 1048 im Mittel 4,0%, bei Einzelwerten 3,5% nicht unterschreiten.

4.1.10 Transportbeton (ZTV-K 80, 6.7.6)

Allgemeine Anforderungen
Es ist nur werkgemischter Transportbeton zugelassen. Während der Betonierzeit muß Sprechverbindung zwischen Mischwerk und Baustelle sowie mit den Transportfahrzeugen bestehen.
Die kontinuierliche Lieferung muß gewährleistet sein. Die nach dem Abschnitt über Beförderung von Beton zur Baustelle der DIN 1045 angegebenen Zeiten dürfen auch bei Zugabe von Erstarrungsverzögerern nicht verlängert werden.
Es sind nur Transportbetonlieferwerke zugelassen, die ein automatisches Druckwerk mit Ausdruck der Ist-Werte und Uhrzeit für die Lieferscheinausstellung verwenden.

Zusätzliche Angaben
Ergänzend zur DIN 1045 werden folgende Angaben gefordert:
- Nachweis der Güteüberwachung des vorgesehenen Transportbetonwerkes
- Vorgesehenes Ersatzmischwerk, das die Anforderungen nach 6.7.6.1 erfüllt
- Entfernungen sowohl zwischen Mischwerk und Baustelle als auch zwischen Ersatzmischwerk und Baustelle, Hindernisse auf dem Transport- und Ersatzweg, z. B. schienengleiche Bahnübergänge, längere Steigungsstrecken, Ortsdurchfahrten, Umleitungen, Fähren.

4.1.11 Betonprüfungen (ZTV-K 80, 6.7.7)

Allgemeines
Der Auftraggeber behält sich vor, an den Betonprüfungen des Auftragnehmers teilzunehmen.
Bei Verwendung von Beton B II hat der Auftragnehmer dem Auftraggeber rechtzeitig nachzuweisen, daß die Baustelle der Fremdüberwachung gemeldet ist.
Auf Anforderung ist der Überwachungsbericht gem. DIN 1084 vorzulegen.

Eignungsprüfungen
Die Ergebnisse der Prüfungen sind dem Auftraggeber vor Beginn der Betonierarbeiten vorzulegen. Die Eignungsprüfung darf bei Betonierbeginn nicht länger als drei Monate zurückliegen.
Abweichend von DIN 1045 sind Eignungsprüfungen auch für Beton B I der Festigkeitsklasse B 25 durchzuführen.
Die Transportdauer im Baustellenbereich sowie die Art des Beförderns und Einbringens sind bei der Eignungsprüfung zu berücksichtigen.

Erhärtungs- und Güteprüfungen
Die Anzahl der Erhärtungsprüfungen bei z. B. vom Auftragnehmer gewünschtem frühzeitigem Ausschalen oder vorzeitiger Belastung eines Bauteils ist vor dem Betonieren mit dem Auftraggeber festzulegen. Die Ergebnisse der Prüfungen sind bei der Bauüberwachung fortlaufend zu übergeben. Zerstörungsfreie Prüfungen allein sind für die Erhärtungsprüfungen nicht zugelassen.
In Ergänzung zur DIN 1045 wird für Güteprüfungen folgendes festgelegt:
Während des Betonierens sind für jedes Bauteil, z. B. Widerlager, Pfeiler, Bauab-

schnitt bei Überbauten, mindestens jedoch für je 250 m³ Beton die in DIN 1045 Abschnitt 7.4.3.5.1 für jede verwendete Betonsorte geforderte Anzahl Probekörper herzustellen und prüfen zu lassen.

Kontrollprüfungen des Auftraggebers
Der Auftraggeber behält sich die zusätzliche Entnahme und Prüfung von Betonproben, auch aus fertigen Bauteilen, vor.

4.1.12 Leichtbeton

Für Leichtbeton und Stahlleichtbeton gilt DIN 4219 (Ausgabe 12.79).
Für Spannleichtbeton liegt DIN 4227 Teil 4, nur als Entwurf vor und nicht als endgültige Fassung, es ist für die Verwendung von Spannleichtbeton baurechtlich die Zustimmung im Einzelfall erforderlich.
Im Brückenbau (nicht vorwiegend ruhende Lasten) dürfen nur folgende Festigkeitsklassen verwendet werden:
Leichtbeton B II LB 25
  LB 35
  LB 45
  LB 55
Verwendung von LB 55 nur mit Zustimmung im Einzelfall.
Leichtzuschlag muß DIN 4226 Teil 2, entsprechen, für hochwertigen Konstruktionsleichtbeton Verwendung von Blähton und Blähschiefer (Leca, Berwilit, Lirapor, Korlin).
Größtkorn kleiner als 25 mm. Für LB 25 und höher möglichst Größtkorn 16 mm verwenden.
Zementgehalt soll 450 kg/m³ nicht überschreiten und soll bei Stahlleichtbeton mindestens 300 kg/m³ betragen.
Bei der Herstellung des Leichtbetons ist dafür zu sorgen, daß dem Zementleim nicht Wasser in unzulässiger Menge durch saugende Zuschläge entzogen wird.

Tabelle 4.2 Leichtbeton

Rohdichte-klasse	Grenzen des Mittelwertes der Beton-Trockenrohdichte ϱ_α [kg/dm³]	Berechnungsgewicht von Stahlleichtbeton [kN/m³]*)	Rechenwert des Elastizitätsmoduls E_{lb} [MN/m²]
1,4	1,21–1,40	15,5	11 000
1,6	1,41–1,60	17,5	15 000
1,8	1,61–1,80	19,5	19 000
2,0	1,81–2,00	21,5	23 000

*) Siehe Ergänzungserlaß zu DIN 1055 Teil 1

Für die Betondeckung der Bewehrung gilt Tabelle 1 aus DIN 4219 Teil 2. Für die Ermittlung des Berechnungsgewichtes für Stahlleichtbeton ist die Trockenrohdichte maßgebend. Für Konstruktions-Leichtbeton im Brückenbau werden praktisch nur Rohdichteklasse 1,6–1,8– und 2,0 verwendet.

Leichtbeton hat einen erheblich geringeren E-Modul als Normalbeton, das bedeutet
- größere Verformungen,
- geringere Zwangskräfte.

Für Ermittlung der Kriechverformungen sind die Rechenwerte der DIN 4227, Tabelle 7, für LB 25 bis LB 55 mit dem Faktor 1,0 E_{lb}/E_b abzumindern. Bei der Berechnung der Schwindverformungen sind die Endschwindmaße ε_{so} nach DIN 4227, Tabelle 7, bei LB 25 bis LB 55 um 20% zu erhöhen.
Bei Spannleichtbeton sollte sinngemäß verfahren werden.
Für die Bemessung von Stahlleichtbeton sind Abweichungen gegenüber DIN 1045 zu beachten (s. DIN 4219 Teil 2, 7.2 bis 7.7).
Dies betrifft die Abschnitte 17.1 bis 17.4, 17.9 und 25.5 der DIN 1045:
Bei der Verwendung von Leichtbeton ergeben sich gegenüber Normalbeton folgende Vorteile:
- geringe Eigenlast (weitgespannte Konstruktionen, Fertigteile),
- geringe Stützmomente bei Durchlaufkonstruktionen,
- geringere Zwängungskräfte (Baugrundbewegung, Schrägseilbrücken),
- kleinere Fundamente,
- geringerer Beton- und Stahlverbrauch.

Nachteilig sind die wesentlich höheren Kosten für die Leichtbetonzuschlagstoffe und die größeren Durchbiegungen.

4.2 Betonstahl

Betonstahl wird verwendet als schlaffe Bewehrung für Stahlbeton- und Spannbetonbrücken. Neben DIN 1045 sind DIN 1075 und DIN 4227 zu beachten.

4.2.1 Stahlsorten

Betonstahl wird als *Stabstahl* und als *Betonstahlmatte* hergestellt.

Betonstahlsorten
Oberflächengestaltung: G glatte Bewehrungsstäbe
                        R gerippte Bewehrungsstäbe

Herstellverfahren:	U	warmgewalzt, unbehandelt
	K	kalt verformt (Ziehen, Walzen, Verwinden)
Stahlgüte (Festigkeit):	BSt	220/340 GU (I G)
	BSt	220/340 RU (I R)
	BSt	420/500 RU (III U)
	BSt	420/500 RK (III K)
	BSt	500/550 RU (IV U)
	BSt	500/550 RK (IV K)

Im Brückenbau werden vorwiegend verwendet:

BSt 420/500 RU ⎫ Nachweis der Schwingbreite DIN 4227 Teil 1,
BSt 420/500 RK ⎭ 15.9 sowie DIN 1045, 17.8 und DIN 1075, 9.3

BSt 220/340 wird nur für untergeordnete Zwecke eingesetzt.
Die Verwendung von Stabstahl BSt 500/550 RU und RK ist nicht wirtschaftlich, da für Nachweis der Rißlast, der Bruchsicherheit und der Schubsicherheit nur eine Stahlspannung von 420 kN/mm^2 zulässig ist.

Verwendung von Betonstahlmatten für Straßenbrücken (DIN 4227 Teil 1, 15.9.1)

Für geschweißte Betonstahlmatten gilt DIN 1045, Abschn. 17.8; für die Schubsicherung bei Eisenbahnbrücken sind jedoch auch solche Betonstahlmatten nicht zulässig.

4.2.2 Verbindungen

Beim Stoß von Bewehrungen können alle Stoßverbindungen ausgeführt werden, wenn sie für nicht vorwiegend ruhende Belastung zugelassen sind:
- Übergreifungsstöße
  DIN 1045, 18.4.1.1 Querbewehrung
                18.4.1.2 Anteil der gestoßenen Stäbe am Gesamtquerschnitt
- Verschraubte Stöße
  DIN 1045, 18.4.1.4 Nachweis der Wirksamkeit
- Geschweißte Stöße
  DIN 1045, 18.4.1.5 nur elektrische Abbrenn-Stumpfschweißung mit 85% des ungeschweißten Querschnittes

Eine bauaufsichtliche Zulassung besteht für folgende Stoßverbindungen:
- GEWI-Muffenstoß, Schraubmuffenverbindung für GEWI-Stahl (BSt 420/500 RU) mit aufgewalztem Gewinde (Abb. 4.1).

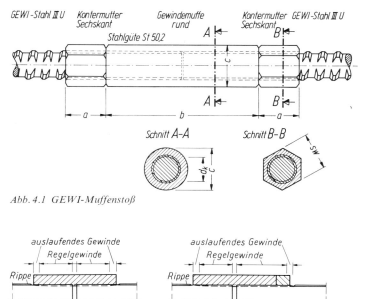

Abb. 4.1 GEWI-Muffenstoß

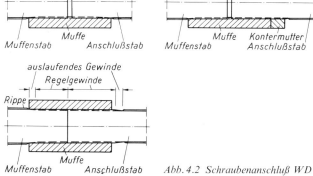

Abb. 4.2 Schraubenanschluß WD

- Schraubanschluß WD, Stoßverbindung der Wayss und Freytag KG für Betonstahl I und III U (Abb. 4.2).
  Im Verbindungsbereich wird Staboberfläche abgeschält und Gewinde aufgerollt.
- Preßmuffenstoß, Stoßverbindung für BSt 420/500 RU und RK. Muffe aus St 35 wird hydraulisch über die zu verbindenden Stabenden gepreßt (Abb. 4.3).

Abb. 4.3 Preßmuffenstoß

4.2.3 Zusätzliche Nachweise

Alle Bauteile von Brücken, die durch Verkehrsregellasten nach DIN 1072 und/oder durch Schienenbahnen beansprucht werden, gelten als nicht vorwiegend ruhend belastet. Zusätzlich zu DIN 1045 sind weitere Nachweise (DIN 1075, 9.3) zu führen. Diese beziehen sich auf:
- Tragfähigkeit von Ankerkörpern (DIN 1045, 18.3.3.4 Abs. 5)
- Beschränkung der Schwingbreite (DIN 1075, 9.3.2, und DIN 1045, 17.8) s. Abschn. 3.6
- Nachweis der Rißbeschränkung unter Gebrauchslast (DIN 1075, 9.4) s. Abschn. 3.6

Nach DIN 4227 Teil 1, 15.9 ist bei Spannbetonbrücken kein Nachweis der Schwingbreite erforderlich mit Ausnahme der Bereiche von Endverankerungen mit Ankerkörpern und von Kopplungen (DIN 4227 Teil 1, 15.9.2) und im Bereich der Endverankerungen von Spanngliedern mit sofortigem Verbund (DIN 4227 Teil 1, 15.9.3)

4.2.4 Lagerung und Einbau (ZTV – K 80, 6.3.2)

Alle Stähle sind auf der Baustelle bodenfrei zu lagern, ausreichend eng zu unterstützen und vor Verschmutzung zu schützen.

Als Abstandhalter aus Beton gegenüber der Schalung dürfen nur halbkugelförmige, genügend erhärtete Betonklötzchen, die an der Bewehrung befestigt sind, verwendet werden. Abstandhalter aus anderen Werkstoffen müssen alkalibeständig sein. Ihre Verwendung bedarf der Zustimmung des Auftraggebers. Abstandhalter aus Metall sind nicht zugelassen. Die Anzahl und Anordnung der Abstandhalter ist auf den Bewehrungszeichnungen anzugeben. Als Richtwert gelten vier Abstandhalter je Quadratmeter.

S-Haken dürfen nur in Verbindung mit Abstandsbügeln verwendet werden.

Eingebaute Bewehrung darf nach dem Ausrichten nur über lastverteilende Bohlen betreten werden.

In Anlehnung an Abschnitt 6.4.2 sind auch bei schlaffer Bewehrung ausreichende Rüttelgassen freizuhalten, besonders im Bereich von Übergreifungsstößen. Bei mehrlagiger schlaffer Bewehrung dürfen die Bewehrungsstäbe nicht auf Lücke verlegt werden.

Schweißarbeiten an Betonstahl bedürfen der Genehmigung des Auftraggebers. Schweißarbeiten innerhalb der Schalung sind nur unter besonderen Schutzmaßnahmen und mit Zustimmung des Auftraggebers zugelassen.

4.3 Spannverfahren

Die Spannverfahren unterscheiden sich nach Art der *verwendeten Spannstähle* (s. Abschn. 4.3.1), nach der *Anzahl der Spannstähle* in einem Spannglied und der *Art der Verankerung* als wichtigstes Unterscheidungsmerkmal.

4.3.1 Spannstähle (Abb. 4.4)

Für die Spannglieder werden Spannstähle hoher Festigkeit verwendet. Das Verzeichnis der allgemeinen bauaufsichtlich zugelassenen Spannstähle (Stand 1. 12. 1977) ist in den Mitteilungen IfBt 1/1978 enthalten. Die für den Brückenbau zugelassenen Spannstähle (Stand 1. 9. 1979) sind im ARS 13/1979 zusammengestellt. Nach Art der Herstellung unterscheidet man folgende Spannstähle:

Warmgewalzte naturharte Stäbe

Mn-Si-legierte, glatte, runde Stäbe SIGMA – St 600/900 vom Hüttenwerk Rheinhausen
$$\text{Streckgrenze} = 600 \, \text{N/mm}^2$$
$$\text{Zugfestigkeit} = 900 \, \text{N/mm}^2$$
Die Anlieferung erfolgt als Einzelstäbe.

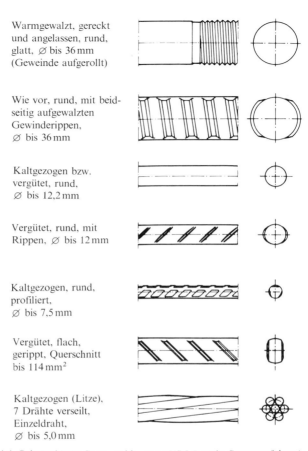

Warmgewalzt, gereckt und angelassen, rund, glatt, ⌀ bis 36 mm (Gewinde aufgerollt)

Wie vor, rund, mit beidseitig aufgewalzten Gewinderippen, ⌀ bis 36 mm

Kaltgezogen bzw. vergütet, rund, ⌀ bis 12,2 mm

Vergütet, rund, mit Rippen, ⌀ bis 12 mm

Kaltgezogen, rund, profiliert, ⌀ bis 7,5 mm

Vergütet, flach, gerippt, Querschnitt bis 114 mm^2

Kaltgezogen (Litze), 7 Drähte verseilt, Einzeldraht, ⌀ bis 5,0 mm

Abb. 4.4 Gebräuchliche Spannstahlsorten (VDI-Bericht Spannverfahren)

Warmgewalzte, nachträglich gereckte und angelassene Stäbe

Runde Stäbe, glatt und gerippt, in den Güten St 835/1030, St 885/1080 und St 1080/1230 ⌀ 14 bis ⌀ 36 mm.
Nach Walzen erfolgt Recken der Stäbe um 0,3 bis 1 % und eine nachträgliche Wärmebehandlung („anlassen").

Vergütete Drähte

Runde, gerippte Drähte, ⌀ 14 und ⌀ 16 mm, in der Stahlgüte St 1325/1470. Runde Drähte, glatt und gerippt, ⌀ 5 bis ⌀ 14 mm, in der

Stahlgüte St 1420/1570. Außerdem gerippte Ovaldrähte in der Güte St 1420/1570 mit Querschnitten von 40 mm², 50 mm² und 114 mm².
Die Vergütung der Stäbe erfolgt nach Walzen durch Warmbehandlung (800°C), Abschreckung im Ölbad und nachträgliches Anlassen (500°C) im Bleibad. Anlieferung erfolgt in Rollen.

Kaltgezogene Drähte und Litzen

Runde, glatte Drähte	St 1375/1570, $\varnothing$ 8 bis $\varnothing$ 12,2 mm
in den Güten	St 1470/1670, $\varnothing$ 6 bis $\varnothing$ 7,5 mm
	St 1570/1770, $\varnothing$ 5 bis $\varnothing$ 5,5 mm
Runde, profilierte Drähte	St 1470/1670, $\varnothing$ 5,5 bis 7,5 mm
in den Güten	St 1670/1770, $\varnothing$ 5,0 mm

7drähtige Litzen, $\varnothing$ 0,5″–0,6″ (Einzeldraht $\varnothing$ 4,1 bis $\varnothing$ 4,25 mm bzw. $\varnothing$ 5,0 bis $\varnothing$ 5,2 mm). Nach dem Walzen werden die Drähte bzw. Litzen patentiert, d. h. Erwärmung (900 bis 1000°C) und nachträgliche Abkühlung (etwa 500°C) im Blei- oder Salzbad, anschließend Verfestigung durch Kaltziehen und Anlassen (150 bis 400°C).

4.3.2 Spannverfahren

● Eine Zusammenstellung von allgemein bauaufsichtlich zugelassenen Spannverfahren, die im Brückenbau verwendet werden dürfen, ist im ARS 13/1979 veröffentlicht (s. Tafel 4.3).

Die einzelnen Spannverfahren unterscheiden sich im wesentlichen durch die Art der Verankerung, diese sind meist patentrechtlich geschützt. Man unterscheidet:

● Verankerung an der *Ankerseite:*
  Verankerung wird vor Anspannen einbetoniert und verankert. An diesem Ende kann daher nicht mehr angespannt werden.
● Verankerung an der *Spannseite:*
  Hier wird die Spannpresse angesetzt und die Spannglieder durch Herausziehen der Spannstähle gespannt.

Die Verankerung an der Ankerseite benötigt keine beweglichen Teile und kann daher einfacher und billiger ausgebildet werden als an der Spannseite.
Es gibt folgende Art der Verankerung:

4.3.2.1 Keil- und Klemmverankerung

Nach Spannen der Spannstähle werden Keile in die Verankerung durch die Pressen hineingetrieben; Übertragung der Spannkräfte durch Keile

auf die Ankerplatte, dabei entsteht noch *Keilschlupf* beim Lösen der Spannstähle von der Spannpresse. Keile halten Spannstähle durch *Querdruck* in ihrer Lage fest. Keilschlupf – unabhängig von Länge des Spanngliedes – ergibt Spannungsabminderung, besonders ungünstig bei kurzen Spanngliedern (Abb. 4.5 und 4.6).
Der Querdruck kann außer mit Keilen auch durch Ziehhülsen oder Klemmplatten erzeugt werden (Abb. 4.7). Bei den Litzenspannverfahren erfolgt die Verankerung durch Einzelkeile für jede einzelne Litze (Abb. 4.8 und 4.9).

4.3.2.2 Schraubgewinde

Einfachste Verankerung. Gewinde *auf Spannstählen* oder *auf Ankerteilen*. Auf *Spannstählen* werden Gewinde aufgewalzt (Querschnittsabminderung wird durch Vergütung beim Aufwalzen ausgeglichen) oder aufgerollt (Querschnittsabminderung im Gewindebereich muß berücksichtigt werden) (Abb. 4.10).
Das Gewinde kann aber auch auf einem Ankerteil aufgebracht sein (Ankerkopf oder Spannstab). Die Verankerung der einzelnen Spannstähle am Ankerkopf oder gegen den Spannstab kann durch Keile, Nietköpfe (Abb. 4.11) u. a. erfolgen. Beim Spannen wird der Ankerkopf oder der Spannstab mit den daran befestigten Spannstählen herausgezogen und nach dem Spannen mit einer Mutter gegen die Ankerplatte festgelegt.

4.3.2.3 Haft- und Reibungsverankerung

Allgemein übliche Verankerung an der Ankerseite. Übertragung der Spannkräfte auf den Beton durch Haftung und Reibung. Spannstähle werden gespreizt oder abgebogen. Umwicklung mit Spiralen zur Aufnahme der Spreizkräfte (Abb. 4.12).

4.3.2.4 Sonderverankerung

Hierzu gehört die Verankerung der Spannstähle durch aufgestauchte Nietköpfe (Spannverfahren BBRV) (Abb. 4.11). Das Herstellen der Nietköpfe erfolgt maschinell. Zu den Sonderverankerungen sind weiterhin die Verankerungen von Großbündeln durch Schlaufen zu rechnen. Bei diesem Verfahren werden die Spannstähle mit Schlaufen in den Spannblöcken verankert oder um die Spannblöcke herumgeführt. Die Pressen drücken den Spannblock vom Bauwerk ab. Alle Spannglieder werden gleichzeitig gespannt. Nach dem Spannen wird der Zwischenraum ausbetoniert, so daß dann der Ausbau der Pressen erfolgen kann.

Tabelle 4.3

	Zusammenstellung von allgemein bauaufsichtlich zugelassenen SPANNVERFAHREN, die im Brückenbau verwendet werden dürfen						Stand: 1.9.1979
1	2	3	4	5	6	7	8
lfd. Nr. / Spannverfahren	Vorspannkraft zul. P_v [kN] zul. P nach Spannbetonrichtlinien entspr. der Anzahl der Litzen/Stäbe	Spannstahl		Anzahl	Verankerungsart	Zulassungs-Nr. Geltungsdauer bis	Bemerkungen
		Stahlgüte St [N/mm²]	Durchmesser [mm]				
1 Baur-Leonhardt (konzentrierte Spannglieder)		1570/1770	Litzen aus 7 Drähten Einzeldrahtdurchmesser 3,0 bis 5,0	beliebig	Spannblöcke	Z-13.1-1 31.8.1980	
		1420/1570	12,2	$n \cdot 12$ (n = beliebig)	siehe Spannverfahren Leoba AK		
2 BBRV-SUSPA	212	1470/1670	7,0	6	aufgetauchte Köpfchen	Z-13.1-14 31.12.1981	
	248			7			
	283			8			
	318			9			
	566			16			
	849			24			
	1132			32			
	1485			42			

3	Bilfinger & Berger	101	1375/1570 oder 1420/1570	12,2	1	Keilver-ankerung	Z-13.1-30 31.12.1981
		202			2		
		303			3		
		606			6		
		1212			12		
4	CONA-Multi	91	1570/1770	12,5 (0,5") Litze aus 7 Drähten	1	Keilver-ankerung	Z-13.1-39 30.11.1983
		181			2		
		272			3		
		362			4		
		453			5		
		543			6		
		634			7		
		724			8		
		815			9		
		905			10		
		996			11		
		1086			12		
		1177			13		
		1267			14		
		1358			15		
		1449			16		

Tabelle 4.3 (Fortsetzung 1)

Zusammenstellung von allgemein bauaufsichtlich zugelassenen
SPANNVERFAHREN, die im Brückenbau verwendet werden dürfen

Stand: 1.9.1979

1	2	3	4	5	6	7	8
lfd. Nr.	Vorspann-kraft zul. P_v [kN]	Spannstahl			Verankerungs-art	Zulassungs-Nr. Geltungsdauer bis	Bemerkungen
		Stahlgüte St [N/mm²]	Durch-messer [mm]	Anzahl			
Spann-verfahren							
5 Dywidag-Bün-delspannglied	1138	1325/1470	16,0	7	Muttern ü. die Gewinde-rippen auf Glocken-verankerung	Z-13.1-9 30.9.1979	Gewinde-stähle
6 Dywidag-Bündelspannglieder aus Litzen	136	1570/1770	15,3 (0,6") Litze aus 7 Drähten	1	Keil-verankerung	Z-13.1-38 31.1.1981	
	409			3			
	545			4			
	681			5			
	954			7			
	1227			9			
	1499			11			
	1635			12			

7	Dywidag-Einzelspannglieder	60	1420/1570	10,0	1	Muttern über ein aufgerolltes Sondergewinde auf Glocken-, Platten-, Rippenplatten- oder Vollplattenverankerung	Z-13.1-9 31.5.1983 *Z-13.1-3 30.6.1981	glatte Stähle *Spannglied ist auch f. d. Spannverfahren ohne Verbund zugel. (im Brückenbau nur in Ausnahmefällen)
		96		12,2				
		301	835/1030	26,0*				
		455		32,0*				
		577		36,0*				
		359	1080/1230	26,0*				
		544		32,0*				
		689		36,0*				
		105	885/1080	15,0*		Muttern über die Gewinderippen auf Glocken-, Platten-, Rippenplatten- oder Vollplatten-Verankerung		Gewindestähle *Spannglied ist auch f. d. Spannverfahren ohne Verbund zugel. (im Brückenbau nur in Ausnahmefällen)
		163	1325/1470	16,0*				
		312	835/1030	26,5*				
		455		32,0*				
		577		36,0*				
		373	1080/1230	26,5				
		544		32,0*				
		689		36,0*				
8	Heilmann & Littmann	312	1470/1670	6,0	12	Verankerung durch Gewindebolzen in Betonplombe Stahlwellung	Z-13.1-13 31.12.1983	
		487		7,5				
		812			20			
		1218			30			

Tabelle 4.3 (Fortsetzung 2)

	Zusammenstellung von allgemein bauaufsichtlich zugelassenen SPANNVERFAHREN, die im Brückenbau verwendet werden dürfen						Stand: 1.9.1979
1	2	3	4	5	6	7	8
lfd. Nr.	Spann-verfahren	Vorspann-kraft zul. P_v [kN]	Spannstahl		Anzahl	Verankerungs-art	Zulassungs-Nr. Geltungsdauer bis	Bemerkungen
			Stahlgüte St [N/mm²]	Durch-messer [mm]				
9	Held & Francke	301	835/1030	26,0	1	Keil-verankerung	Z-13.1-27 31.12.1983	
		455		32,0				
		248	1470/1670	7,0	7	Keil- und Spiral-verankerung		
		304	1375/1570	8,0				
		384		9,0				
		474	1420/1570 o. 1375/1570	10,0				
		707		12,2				
10	Hochtief	130	1375/1570 o. 1420/1570	8,0	3	Keil-verankerung	Z-13.1-29 31.12.1981	
		261			6			
		347			8			
		391			9			
		434			10			
		521			12			

10	Hochtief	606	1375/1570 o. 1420/1570	12,2	6	Keil-verankerung	Z-13.1-29 31.12.1981	
		808			8			
		909			9			
		1010			10			
		1212			12			
11	Litzenspannverfahren Holzmann	273	1570/1770	15,3 (0,6″) Litze aus 7 Drähten	2	Keil-verankerung	Z-13.1-48 31.8.1982	
		409			3			
		545			4			
		681			5			
		818			6			
		954			7			
		1227			9			
		1363			10			
		1499			11			
12	KA (Holzmann und Interspan)	69	1420/1570	flach 40 (gerippt)	2	Klemm-, Fächer- und Injektions-verankerung	Z-13.1-11 31.12.1983	In Spalte 4 statt Durch-messer (mm) Angabe des Querschnitts (mm²)
		138			4			
		207			6			
		276			8			
		345			10			

Tabelle 4.3 (Fortsetzung 3)

	Zusammenstellung von allgemein bauaufsichtlich zugelassenen SPANNVERFAHREN, die im Brückenbau verwendet werden dürfen						Stand: 1.9.1979
1	2	3	4	5	6	7	8
lfd. Nr.	Spannverfahren	Spannstahl			Verankerungsart	Zulassungs- Nr. Geltungsdauer bis	Bemerkungen
		Stahlgüte St [N/mm²]	Durchmesser [mm]	Anzahl			
12	KA (Holzmann und Interspan)	1420/1570	flach 40 (gerippt)	12	Klemm- und Fächerverankerung, Injektionsverankerung nur bei Anordnung in Lagen zu je 2 Spannstählen	Z-13.1-11 31.12.1983	In Spalte 4 statt Durchmesser (mm) Angabe des Querschnitts (mm²)
	Vorspannkraft zul. P_v [kN] = 414			14			
	484			16			
	553			18			
	622			20			
	691						
	829			24	Klemm- u. Fächerverankerung		
	967			28	Klemmverankerung		
	1105			32			
	1243			36			
	1382			40			
	1520			44			

			flach 114 (gerippt)	4	Klemm- und Fächer-verankerung	Z-13.1-44 31.10.1981	In Spalte 4 statt Durch-messer (mm) Angabe des Quer-schnitts in (mm²)
13	KA flach 114	394	1420/1570				
		591					
14	AK Leoba	101	1420/1570	12,2	1	Keilverankerung	Z-13.1-16 31.12.1979
		404			4	Keil- und Wellverankerung	
15	AK 163 Leoba	1212	1420/1570	14,0	12	Keilverankerung	Z-13.1-45 31.12.1979
		1510			12		
16	Leoba S-K	195	1420/1570 o. 1470/1670	6,0	8	Schlaufen- und Flächen-verankerung	Z-13.1-37 30.4.1980
		266	1470/1670	7,0			
		305	1470/1670	7,5			
		325	1375/1570	8,0			
		347	1420/1570				
		391	1420/1570 o. 1470/1670	6,0	16		
		532	1420/1570 o. 1470/1670	7,0			
		611	1470/1670	7,5			
		651	1375/1570	8,0			
		695	1420/1570				
		695	1420/1570 o. 1375/1570			Keilverankerung	

121

Tabelle 4.3 (Fortsetzung 4)

							Stand: 1.9.1979
Zusammenstellung von allgemein bauaufsichtlich zugelassenen SPANNVERFAHREN, die im Brückenbau verwendet werden dürfen							
lfd. Nr.	Spannverfahren	Vorspannkraft zul. P_v [kN]	Spannstahl			Verankerungsart	Zulassungs-Nr. Geltungsdauer bis	Bemerkungen
			Stahlgüte St [N/mm²]	Durchmesser [mm]	Anzahl			
1		2	3	4	5	6	7	8
17	Litzenspannverf. Montierbau	136	1570/1770	15,3 (0,6") Litze aus 7 Drähten	1	Keilverankerung	Z-13.1-35 30.9.1980	
		409			3			
		954			7			
		1499			11			
18	Polensky & Zöllner	104	1420/1570	flach 40 (gerippt)	3	Konus- und Fächerverankerung	Z-13.1-17 31.12.1979	In Spalte 4 statt Durchmesser (mm) Angabe des Querschnitts (mm²)
		242			7			
		414			12			
		829			24			
		1140			33			
		104	1470/1670	6,0	4			
		243			9			
		416			16			
		424		7,0	12			
		832		6,0	32			

Nr.	Verfahren				Verankerung	Zulassung	
18	Polensky & Zöllner	849	1470/1670	7,0	24	Konus- und Flächen-verankerung	Z-13.1-35 30.9.1980	
		1061			30			
		1196		6,0	46			
19	Sager & Woerner	303	1420/1570	12,2	3	Keil- u. Fächer verankerung	Z-13.1-8 31.3.1983	
		606			6			
		1212			12	Keilverankerung		
20	Vorspann-Technik	303	1420/1570	12,2	3	Keil- und Haken-verankerung	Z-13.1-28 31.12.1979	
		404			4	Keil- u. Schlau-fenverankerung		
		1212			12	Keilverankerung		
21	Litzenspannverfahren Vorspann-Technik	91	1570/1770	12,5 (0,5'') Litze aus 7 Drähten	1	Keilverankerung	Z-13.1-5 31.5.1984	Querschnitt = 93 mm²
		272			3			
		362			4	Keil- und Schlaufen-verankerung		
		453			5			
		543			6			
		634			7			
		724			8			
		815			9			
		905			10			
		996			11			
		1086			12			

Tabelle 4.3 (Fortsetzung 5)

Zusammenstellung von allgemein bauaufsichtlich zugelassenen SPANNVERFAHREN, die im Brückenbau verwendet werden dürfen								Stand: 1.9.1979
1	2	3	4	5	6	7	8
Spann-verfahren	Vorspann-kraft zul. P_v [kN]	Spannstahl		Anzahl	Verankerungs-art	Zulassungs-Nr. Geltungsdauer bis	Bemerkungen
lfd. Nr.		Stahlgüte St [N/mm²]	Durch-messer [mm]				
21 Litzenspannverfahren Vorspann-Technik	1177	1570/1770	12,5 (0,5″) Litze aus 7 Drähten	13	Keil- und Schlaufen-verankerung	Z-13.1-5 31.5.1984	Querschnitt = 93 mm²
	1267			14			
	1358			15			
	1449			16			
	97		12,9 (0,5″) Litze aus 7 Drähten	1	Keil-verankerung		Querschnitt = 100 mm²
	292			3			
	389			4	Keil- und Schlaufen-verankerung		
	487			5			
	584			6			
	681			7			
	779			8			
	876			9			
	974			10			
	1071			11			

Nr.	Litzenspannverfahren / Vorspann-Technik	Hersteller	Spannglied	Stahlgüte	Litze	Index	Querschnitt [mm²]	Verankerung	Zulassung
21			1168	1570/1770	12.9 (0.5″) Litze aus 7 Drähten	12		Keil- und Schlaufenverankerung	Z-13.1-5 31.5.1984
			1266			13	Querschnitt = 100 mm²		
			1363			14			
			1460			15			
			1558			16			
22		VSL (Losinger)	91	1570/1770	12.5 (0.5″) Litze aus 7 Drähten	1		Keilverankerung	Z-13.1-2 31.1.1984
			181			2		Keilverankerung: für Festanker, Preßhülsen-, Schlaufen- und Haftverankerung mit aufgestauchten „Zwiebeln"	
			272			3			
			362			4			
			453			5			
			543			6			
			634			7			
			724			8			
			815			9			
			905			10			
			996			11			
			1086			12			
			1170			13			
			1267			14			
			1358			15			
			1449			16			

Tabelle 4.3 (Fortsetzung 6)

Zusammenstellung von allgemein bauaufsichtlich zugelassenen SPANNVERFAHREN, die im Brückenbau verwendet werden dürfen

Stand: 1.9.1979

1	2	3	4	5	6	7	8
lfd. Nr.	Spannverfahren	Vorspannkraft zul. P_v [kN]	Spannstahl		Verankerungsart	Zulassungs-Nr. Geltungsdauer bis	Bemerkungen
			Stahlgüte St [N/mm²]	Durchmesser [mm]	Anzahl			
23	Züblin	194	1325/1470	flach 120 (gerippt)	2	Keil- und Fächerverankerung	Z-13.1-26 31.12.1980	In Spalte 4 statt Durchmesser (mm) Angabe des Querschnitts (mm²)
		388			4			
		582			6			
		1164			12	Keilverankerung		
24	Litzenspannverfahren Billinger & Berger	136	1470/1770	15.3 (0.6") Litze aus 7 Drähten	1	Keilverankerung	Z-13.1-31 31.1.1984	
		409			3			
		681			5			
		954			7			
		1227			9			
		1499			11			
		1653			12			

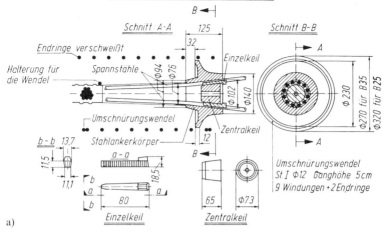
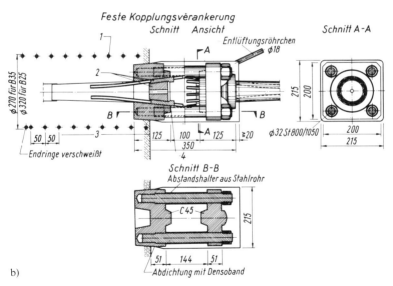

Abb. 4.5 Spannverfahren, Vorspanntechnik VT 124
  a) Endverankerung
  b) Koppelstoß

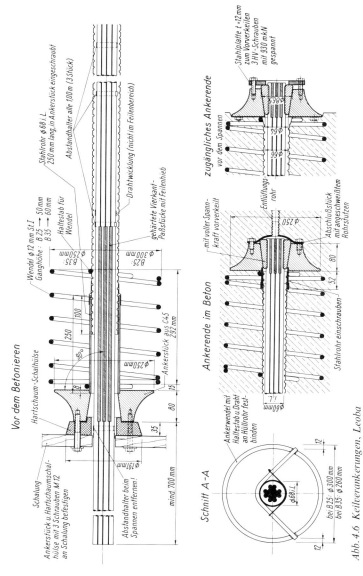

Abb. 4.6 Keilverankerungen, Leoba

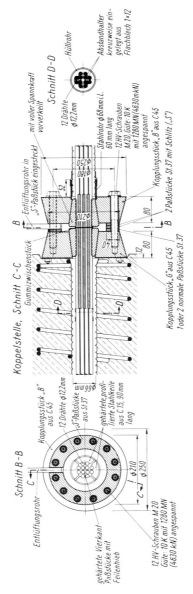

Abb. 4.6 Fortsetzung

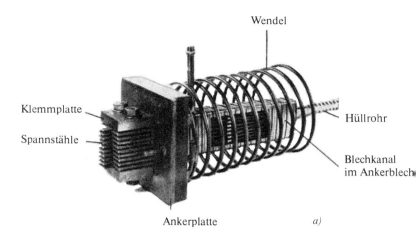

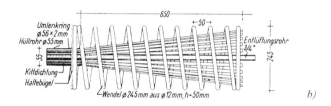

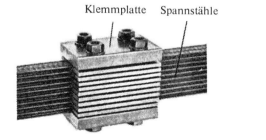

Abb. 4.7 Spannverfahren Holzmann, Spannglied KA 141/40
  a) Verankerung (Spannseite)
  b) Flächenverankerung am festen Ende
  c) Koppelklemmverankerung

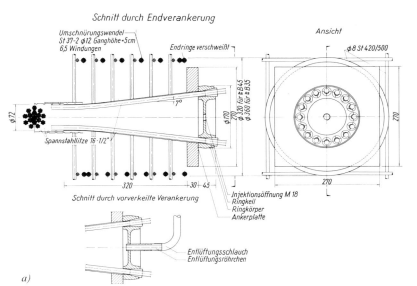

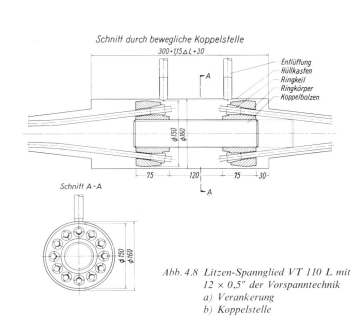

Abb. 4.8 Litzen-Spannglied VT 110 L mit
$12 \times 0{,}5''$ der Vorspanntechnik
a) Verankerung
b) Koppelstelle

Aufbau der Verankerung Typ 6803-6819

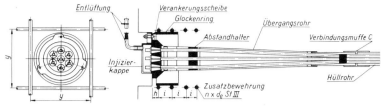

a) Aufbau der Koppelstelle »K« Typ 6805-6819

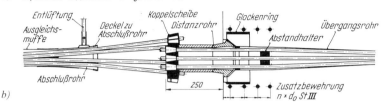

Abb. 4.9 Spannverfahren Dywidag, Litzenspannglied mit $7 \times 0{,}6''$

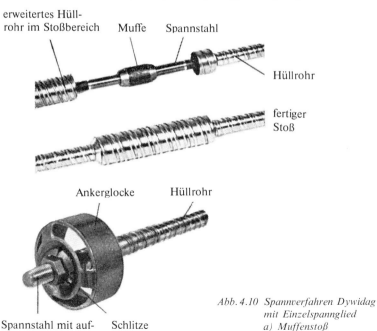

Abb. 4.10 Spannverfahren Dywidag mit Einzelspannglied
a) Muffenstoß
b) Verankerung

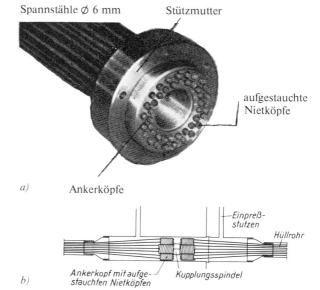

Abb. 4.11 Spannverfahren BBRV
a) Verankerung (Spannseite)
b) Koppelstoß

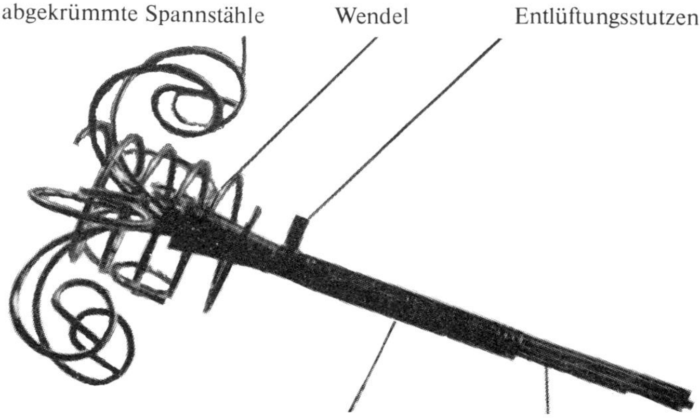

Abb. 4.12 Spannverfahren Held & Franke

4.3.2.5 Stoßverbindungen

Die einfachste Stoßverbindung ist der Stoß mit Schraubenverbindungen. Dabei können die *Spannstähle mit Gewindemuffen* (Abb. 4.10) gestoßen werden (D & W). Im Bereich der Muffen sind bei diesem Verfahren größere Hüllrohre vorzusehen. Diese müssen so lang sein, daß sie die Bewegung der Spannstähle beim Anspannen gestatten.
Bei fast allen anderen Verfahren werden die *Ankerkörper* durch Gewinde miteinander verbunden (Abb. 4.5b, 4.6b, 4.8b, 4.9b).
Beim KA-Verfahren der Firma Holzmann erfolgt die Verbindung der Spannstähle an der Stoßstelle durch zusammengeschraubte Klemmplatten (Abb. 4.7c).
Stöße von Spanngliedern sind erforderlich:
a) bei abschnittsweisem Bau von Brücken (Vermeidung von Reibungsverlusten oder mehrfache Verwendung von Schalung und Rüstung)
b) bei beschränkter Länge der Spannstähle (D & W, je nach Transportmöglichkeit 20 bis 25 m lang)
c) beim Freivorbau
d) beim Taktschiebeverfahren
e) bei der Segmentbauweise

4.3.3 Montage der Spannglieder, Spannen und Injizieren

Die Spannstähle mit kleineren und mittleren Durchmessern (max. $\varnothing$ 12,2) werden von den Walzwerken in *Rollen* angeliefert. Die Einzellänge des Spannstahles beträgt bis zu 250 m. Die größeren Durchmesser ($\varnothing$ 18,6, $\varnothing$ 26 und $\varnothing$ 32) werden in *Stangen* angeliefert, deren Länge entsprechend den Transportmöglichkeiten i. allg. 20 bis 25 m nicht überschreitet.
Die Anlieferung der Spannstahllitzen erfolgt in Rollen von etwa 1,5 m Durchmesser und einer Litzenlänge von etwa 3000 m.
Bei der Montage sind zu unterscheiden der *Zusammenbau der Einzelteile* und der *Einbau der Spannglieder* in das Bauwerk.
Der Zusammenbau der Einzelteile erfolgt bei kurzen Spanngliedern und bei solchen, die gerollt zur Baustelle angeliefert werden können, in einer ortsfesten *Werkstatt auf dem Bauhof*. Bei langen Spanngliedern erfolgt der Zusammenbau auf der Baustelle.
Für die werksmäßige Herstellung auch von langen Spanngliedern eignen sich besonders die Litzenspannverfahren und das Spannverfahren Suspa-BBRV.
Für die Lieferung der Spannstähle ist ZTV – K 80, 6.4.4 zu beachten:

Lieferung und Behandlung des Spannstahles, der Spannglieder und der Verankerung

Werden Spannglieder unter Baustellenbedingungen hergestellt, ist die Lieferung des Spannstahles derart einzuplanen, daß dieser unmittelbar verarbeitet werden kann.
Spannstahllieferungen mit Fehlstellen sind nicht zulässig, auch wenn diese gekennzeichnet und im Werkprüfzeugnis vermerkt wurden. Sie müssen bereits im Werk ausgeschieden werden.
Dem Werkprüfzeugnis ist vom Spannstahlhersteller eine Erfassung der Stahlquerschnitte beizufügen. Abweichungen der Spannstahlquerschnitte von mehr als $\pm 2\%$ vom Nennwert sind vor Beginn der Spannarbeiten dem Auftraggeber mitzuteilen und bei der Dehnwegberechnung zu berücksichtigen.
Alle vom Auftragnehmer unterschriebenen Protokolle der Eigenüberwachung und ggf. einer Fremdüberwachung sind dem Auftraggeber unverzüglich zu übergeben.
Verstöße gegen die Auflagen der Zulassungsbescheide und gegen die einschlägigen Vorschriften über die Lagerung und Behandlung von Spannstählen, auch beim Transport, berechtigen zum Zurückweisen der Lieferung durch den Auftraggeber, ohne daß dieser im Einzelfall einen Schaden nachweist.
Vorstehende Ausführungen gelten sinngemäß auch für Zubehörteile, wie z. B. Verankerungen und Hüllrohre.

Spannstähle sind in erhöhtem Maße korrosionsgefährdet; hinsichtlich der Lagerung und des Einbaus der Spannstähle sind DIN 4227 Teil 1, 6.5 und ZTV – K 80 zu beachten.
DIN 4227 Teil 1, 6.5:

6.5.1 Allgemeines

(1) Der Spannstahl muß bei der Spanngliedherstellung sauber und frei von schädigendem Rost sein und darf hierbei nicht naß werden.
(2) Spannstähle mit leichtem Flugrost dürfen verwendet werden. Der Begriff „leichter Flugrost" gilt für einen gleichmäßigen Rostansatz, der noch nicht zur Bildung von mit bloßem Auge erkennbaren Korrosionsnarben geführt hat und sich im allgemeinen durch Abwischen mit einem trockenen Lappen entfernen läßt. Eine Entrostung braucht jedoch auf diese Weise nicht vorgenommen zu werden.
(3) Beim Ablängen und Einbau der Spannstähle sind Knicke und Verletzungen zu vermeiden. Fertige Spannglieder sind bis zum Einabu in das Bauwerk bodenfrei und trocken zu lagern und vor Berührung mit schädigenden Stoffen zu schützen. Spannstahl ist auch im Zeitraum zwischen dem Verlegen und der Herstellung des Verbundes vor Korrosion und Verschmutzung zu schützen.
(4) Die Spannstähle für ein Spannglied sollen im Regelfall aus einer Lieferposition (Schmelze) entnommen werden. Die Zuordnung von Spanngliedern zur Lieferposition ist in den Aufzeichnungen nach Abschnitt 4 zu vermerken.
(5) Ankerplatten und Ankerkörper müssen rechtwinklig zur Spanngliedachse liegen.

6.5.2 Korrosionsschutz bis zum Einpressen

(1) Der Zeitraum zwischen Herstellen des Spanngliedes und Einpressen des Zementmörtels ist eng zu begrenzen. Im Regelfall ist nach dem Vorspannen unver-

züglich Zementmörtel in die Spannkanäle einzupressen. Zulässige Zeiträume sind unter Berücksichtigung der örtlichen Gegebenheiten zu beurteilen.
(2) Wenn das Eindringen und Ansammeln von Feuchtigkeit (auch Kondenswasser) vermieden wird, dürfen ohne besonderen Nachweis folgende Zeiträume als unschädlich für den Spannstahl angesehen werden:
zwischen dem Herstellen des Spanngliedes und dem Einpressen bis zu 12 Wochen,
davon bis zu 4 Wochen frei in der Schalung
und bis zu etwa 2 Wochen in gespanntem Zustand.
(3) Werden diese Bedingungen nicht eingehalten, so sind besondere Maßnahmen zum vorübergehenden Korrosionsschutz der Spannstähle vorzusehen: andernfalls ist der Nachweis zu führen, daß schädigende Korrosion nicht auftritt.
(4) Als besondere Schutzmaßnahme ist z. B. ein zeitweises Spülen der Spannkanäle mit vorgetrockneter und erforderlichenfalls gereinigter Luft geeignet.
(5) Die ausreichende Schutzwirkung und die Unschädlichkeit der Maßnahmen für den Spannstahl, für den Einpreßmörtel und für den Verbund zwischen Spanngliedern und Einpreßmörtel sind nachzuweisen.

6.5.3 Fertigspannglieder

(1) Die Fertigung muß in geschlossenen Hallen erfolgen.
(2) Die für den Spannstahl gemäß Zulassungsbescheid geltenden Bedingungen für Lagerung und Transport sind auch für die fertigen Spannglieder zu beachten; diese dürfen das Werk nur in abgedichteten Hüllenrohren verlassen.
(3) Bei Auslieferung der Spannglieder sind folgende Unterlagen beizufügen:
- **Lieferschein** mit Angabe von Bauvorhaben, Spanngliedertyp, Positionsnummer der Spannglieder, Fertigungs- und Auslieferungsdatum und der Bestätigung, daß die Spannglieder güteüberwacht sind. Der Lieferschein muß auch die Angaben der Anhängeschilder der jeweils verwendeten Spannstähle enthalten;
- bei Verwendung von Restmengen oder Verschnitt **Angaben über die Herkunft;**
- **Lieferzeugnisse** für den Spannstahl und für die Zubehörteile mit Angabe der hierfür fremdüberwachenden Stelle.

(4) Die Spannglieder sind durch den Bauleiter des Unternehmens oder dessen fachkundigen Vertreter bei Anlieferung auf Transportschäden (sichtbare Schäden an Hüllrohren und Ankern) zu überprüfen.

Der Zusammenbau erfolgt auf *Tischen* (Abb. 4.13 u. 4.17), die zweckmäßig in Richtung des späteren Einbaues stehen, damit das aufwendige Schwenken der Spannglieder vermieden wird. Haspel mit Brems- oder Klemmvorrichtung etwa 2 m hinter dem *Abrolltisch* (Vorsicht beim Öffnen der Ringe, da Stahl unter Spannung, Stahl springt auf).

Die an den Drahtringen befindlichen *Aushängeschildchen* sind gemäß Zulassungsbescheid *Urkunden* und müssen sorgfältig aufbewahrt werden. Die einzelnen Spanndrähte werden von den Ringen abgerollt (Abb. 4.14) und auf die erforderliche Länge zugeschnitten. Bei einigen Verfahren erfolgt die Herstellung auf dem Bauhof, z. B. BBRV und Litzenspannverfahren. Beim BBRV-Spannverfahren, das von der SUSPA-Spannbeton

Abb. 4.13
Eine wiederverwendbare, in der Länge beliebig variable Montagehalle für den Zusammenbau der Spannglieder auf einer Baustelle

Abb. 4.14
Haspel zum Abrollen der Spannstahlringe

GmbH, Langenfeld, vertrieben wird, erfolgt die Fertigung der Spannglieder werkseitig in Längen bis zu 200 m. Die fertigen Spannglieder mit Hüllrohren und Verankerungen werden auf Kabeltrommeln aufgerollt und mit werkseigenen 38-t-Sattelschleppern zur Baustelle transportiert. Beim Verlegen der Spannglieder können diese direkt von der im Turmdrehkran hängenden Trommel abgerollt werden (Abb. 4.15).
Die Fertigung von Litzenspanngliedern kann ebenfalls werkseitig erfolgen. In der Regel werden die Litzen aber in Ringen (Coils) von etwa 1,5 m Durchmesser in Längen bis zu etwa 3000 m auf die Baustelle angeliefert. Für die weitere Verarbeitung bestehen zwei Möglichkeiten:
- Zusammenbau der Litzen, Hüllrohre, Verankerungen neben dem Bauwerk und Verlegen der fertigen Spannglieder in das Bauwerk.
- Verlegen der Hüllrohre ohne Spannstähle in das Bauwerk. Nach dem Betonieren werden die Litzen einzeln eingeschoben oder die Litzenbündel mit Zugköpfen oder Ziehstrümpfen eingezogen (Abb. 4.16). Dieses Verfahren ist sehr wirtschaftlich. Das Einziehen bzw. Einschieben erfolgt erst kurz vor dem Spannen und Injizieren, der Spannstahl liegt somit nur kurze Zeit ohne Korrosionsschutz im Spannkanal.

Bei Fertigung der Spannglieder auf der Baustelle werden in der Regel die Hüllrohre in Einzellängen von etwa 7 m auf die Spannstähle eines Spanngliedes aufgeschoben oder die einzelnen Spannstähle durch die fertig ausgelegten Hüllrohre durchzogen (Abb. 4.17).
Es dürfen nur geriffelte oder gewellte Hüllrohre verwendet werden, sie müssen ausreichend steif sein (Abb. 4.18). Die Stoßstellen der Hüllrohre

werden mit *Densoband*[1]) sorgfältig abgedichtet. Anschließend werden die Ankerkörper aufgebracht.

Die fertiggestellten Spannglieder können dann in das Bauwerk eingebaut werden. Die Spannglieder müssen allseitig unverschiebbar unterstützt und befestigt sein. Spanngliedtragbügel sind durch Quer- und Diagonalstäbe so auszusteifen, daß sie während der Montage und beim Betonieren mit Sicherheit nicht ausweichen können. Die Durchmesser sind in Abhängigkeit von der Höhe der Bügel nach folgender Tabelle zu wählen (ZTV – K 80, 6.4.5).

Höhe der Stützbügel [m]	Mindestdurchmesser der Stützbügel [mm]
≤ 1,0	16
> 1,0 bis 2,0	18
> 2,0	20

Abb. 4.15 Verlegen werkseitig gefertigter BBRV-Spannglieder mit Turmdrehkran

---

[1]) Elastisches Dichtungsband; Hersteller: DENSO-Chemie GmbH, Leverkusen 6.

Abb. 4.16 Einschiebevorgang der Litze beim Dywidag-Litzenspannverfahren

Abb. 4.17 Gleichzeitiges Überziehen der Hüllrohre über 4 Stück 28-t-Spannglieder mit Hilfe des Herstellungswagens und einer Winde

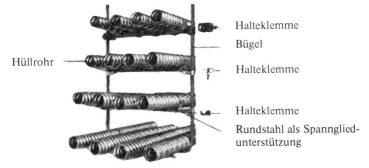

Abb. 4.18 Befestigung der Spanngliedunterstützungen mit Bügelschellen

Auf die statisch erforderliche Bügelbewehrung dürfen Stützbügel nicht angerechnet werden. Bei Ausnutzung der Minimalkrümmungen gemäß Zulassung sind die Größtabstände der Unterstützungen zu verringern. Die Verbindungsmittel der Spanngliedunterstützungen sind im Spannbewehrungsplan anzugeben. Schweißungen in der Schalung bedürfen der

Abb. 4.19 NBZ-Halteklammer zur Festlegung der Höhenlage der Spannglieder

Genehmigung des Auftraggebers. Die Ankerwendel müssen zentrisch und unverschiebbar befestigt sein.

Die Spannglieder liegen auf kurzen *Traversen* auf (Stahlabfälle, die sicher an dem Bügel befestigt werden müssen (Schweißen oder Befestigung mit höhenverstellbaren Schellen, Abb. 4.18 und 4.19).

Die vorgeschriebene Höhenlage der Spannglieder muß sorgfältig eingehalten werden, da der Einfluß einer falschen Höhenlage auf die Spannungen im Tragwerk sehr groß ist. Die verlegten Spannglieder dürfen nicht mehr betreten werden, damit Beschädigungen an den Hüllrohren vermieden werden.

Die Verankerungen sind sorgfältig einzubauen. Dabei ist zu beachten: a) sichere Befestigung an der Schalung, b) die Spannglieder sind zentrisch durch die Ankerkörper zu führen, c) Abschalen rechtwinklig zur Spanngliedachse, damit die Spannpressen zentrisch angesetzt werden können.

Vor dem Betonieren Hüllrohre auf Beulen oder Undichtigkeit kontrollieren. Undichtheiten beseitigen (Densoband), da sonst beim Betonieren Schlempe in die Hüllrohre läuft und nicht vorgespannt und injiziert werden kann (DIN 4227 Teil 1, 6.4).

Beim Betonieren den Beton vorsichtig aufbringen. Keine größeren Mengen Beton ruckartig auf Spannglieder fallen lassen, da sonst die Hüllrohre beschädigt oder die Spannglieder aus ihrer Lage gebracht werden können. Es ist zweckmäßig, gleich nach dem Erhärten des Betons zum Vermeiden von Schwindrissen im Bauwerk eine *Teilvorspannung* aufzubringen. Diese sollte nicht mehr als 30% der Gesamtvorspannung betragen. Nach DIN 4227 Teil 1, Abschn. 5.1, sind für die Teilvorspannung folgende Würfelfestigkeiten erforderlich:

Tabelle 2 Mindestbetonfestigkeit beim Vorspannen (DIN 4227)

	1	2	3
	Zugeordnete Festigkeitsklasse	Würfeldruckfestigkeit β_{Wm} beim Teilvorspannen [N/mm²]	Würfeldruckfestigkeit β_{Wm} beim endgültigen Vorspannen [N/mm²]
1	B 25	12	24
2	B 35	16	32
3	B 45	20	40
4	B 55	24	48

Definition:
Die zugeordnete Festigkeitsklasse ist die laut Zulassung für das jeweilige Spannverfahren erforderliche Festigkeitsklasse des Betons.

Zum Vermeiden größerer *Spannkraftverluste* durch Kriechen und Schwinden *und des damit verbundenen höheren Spannstahlverbrauchs* wird oft das Aufbringen der Gesamtvorspannung zu einem sehr späten Zeitpunkt vorgesehen.

Dieses späte Vorspannen behindert sehr oft den Baufortschritt. Es ist daher meistens wirtschaftlicher, einen größeren Spannkraftverlust und damit einen höheren Spannstahlverbrauch in Kauf zu nehmen, um somit eine kürzere Bauzeit zu erreichen. Dies gilt besonders für den Freivorbau, das Taktschiebeverfahren und für das feldweise Einrüsten der Überbauten bei langen Brücken.

Beim Vorspannen muß sich der Beton ungehindert verkürzen können. Daher sind folgende Maßnahmen zu treffen:

a) die Arretierungen (Feststellungen) der beweglichen Lager sind zu beseitigen, da sonst die Vorspannkräfte in die Lager abgeleitet werden;

b) das Lehrgerüst ist so zu konstruieren, daß es den Bewegungen des Betons beim Spannen folgen kann, z. B. Verbände in Längsrichtung des Bauwerkes sind zu lösen.

Andernfalls werden die Spannkräfte in das Lehrgerüst abgeleitet.

Es ist weiterhin zu beachten, daß das Lehrgerüst während des Spannvorgangs ganz oder teilweise abgesenkt werden muß, damit die Eigenlast des Überbaues wirksam wird und die Rückfederung des Lehrgerüstes keine unzulässigen Spannungen im Bauwerk erzeugt. Der Absenkvorgang für das Lehrgerüst wird i. allg. vom Konstruktionsbüro der Baustelle vorgeschrieben.

Die Vorspannung wird durch *Öldruckpressen* (Abb. 4.20 und 4.21) verschiedener Bauarten erzeugt. Die Spannglieder werden von der Presse

Abb. 4.20 Öldruckpresse

Abb. 4.21 Spannen der Spannglieder mit Öldruckpresse

gefaßt und um das vorgeschriebene Maß durch die Kolbenbewegung gedehnt (*Stahldehnung*). Gleichzeitig wird der Beton zusammengedrückt (*Betonstauchung*). Die Berechnung des *Spannweges* (Stahldehnung +

Betonstauchung), der Spannkraft und der Spannkraftverluste (Reibung) sowie die Festlegung der Spannfolge ist Teil der statischen Berechnung.

DIN 4227 Teil 1, 5.3:

5.3 Verfahren und Messungen beim Spannen

(1) Die Vorspannung ist entsprechend einem Spannprogramm aufzubringen. Dieses muß für jedes Spannglied neben der zeitlichen Folge des Spannens Angaben über Spannkraft und Spannweg unter Berücksichtigung der Zusammendrückung des Betons, der Reibung, des Schlupfes und des Zeitpunktes des Lehrgerüstabsenkens enthalten. Im Falle von Teilvorspannung sind die bis zum endgültigen Vorspannen eingetretenen Spannkraftverluste zu berücksichtigen. Das Spannprogramm ist so aufzustellen, daß keine unzulässigen Beanspruchungen des Betons entstehen.

(2) Über das Spannen ist ein Spannprotokoll zu führen, in das alle beim Spannen durchgeführten Messungen einschließlich etwaiger Unregelmäßigkeiten einzutragen sind. Die Messungen müssen mindestens Spannkraft und Spannweg umfassen. Wenn die Summe aus den Absolutwerten der prozentualen Abweichung von der Sollspannkraft und der prozentualen Abweichung vom Sollspannweg bei einem einzelnen Spannglied mehr als 15%, beträgt, muß die zuständige Bauaufsicht unverzüglich verständigt werden. Ist die Abweichung von der Sollspannkraft oder vom Sollspannweg bei der Summe aller in einem Querschnitt liegenden Spannglieder größer als 5%, so ist gleichfalls die Bauaufsicht zu verständigen.

(3) Schlagartige Übertragung der Vorspannkraft ist zu vermeiden.

ZTV – K 80, 6.6.1

Vor Beginn der Spannarbeiten muß der örtlichen Bauüberwachung des Auftraggebers eine geprüfte und genehmigte Spannanweisung vorliegen, aus der auch der Wirkungsgrad der Pressen hervorgeht. Hinweise auf die Dehnwegberechnung in der statischen Berechnung ersetzen die Spannanweisung nicht. Die Prüfdiagramme der Spannvorrichtungen sind der Bauüberwachung des Auftraggebers unaufgefordert vorzulegen. Manometer müssen den Druck unmittelbar an der Presse anzeigen. Vor Beginn der Spannarbeiten sind sämtliche Spanngeräte unter Beachtung der Betriebsanleitung auf ihre Funktionsfähigkeit zu überprüfen.

Der vorgesehene Zeitpunkt der Überprüfung und der Beginn der Spannarbeiten sind der Bauüberwachung mitzuteilen.

In das Spannprotokoll sind u. a. einzutragen:
- Betonfestigkeit zur Zeit des Spannens;
- Ergebnis der Funktionsprüfung der Spanngeräte;
- Lufttemperatur und die Temperatur in den Spannkanälen;
- alle verwendeten Geräte und Zusatzgeräte, z. B. Spannstühle. Soweit sie nicht bereits in der Spannanweisung aufgeführt sind, müssen die Dehnwege entsprechend den technischen Anweisungen des Zulassungsinhabers berichtigt werden;
- alle Spanngerätemerkmale, wie z. B. Gerätetyp, Gerätenummer, Prüfprotokolle, nutzbare Kolbenfläche;

- das am jeweiligen Spannglied eingesetzte Spanngerät;
- Zeitpunkt und Art des Lehrgerüstabsenkens;
- Unregelmäßigkeiten und besondere Vorkommnisse.

Vorstehende Forderungen gelten auch beim Aufbringen eines Teiles der Spannkraft.

Das vom Auftragnehmer unterschriebene Spannprotokoll muß von der örtlichen Bauüberwachung des Auftraggebers gegengezeichnet sein. Eine Durchschrift des Originals ist unmittelbar nach dem Spannen dem Auftraggeber zu übergeben.

Muß infolge einer Unregelmäßigkeit der Spannvorgang wiederholt werden, z. B. größerer Schlupf, als in der Zulassung festgelegt, so müssen die verwendeten Keile durch ungebrauchte ersetzt werden, falls der Zulassungsbescheid nicht ausdrücklich eine andere Regelung vorsieht.

Zur Vermeidung von Schwind- und Temperaturrissen ist zum frühestmöglichen Termin ein Teil der Spannkraft aufzubringen.

Die endgültige Vorspannung darf nur durchgeführt werden, wenn unverzüglich Zementmörtel eingepreßt werden kann. Unvorhergesehene Ereignisse, die ein Einpressen verhindern, sind dem Auftraggeber sofort mitzuteilen.

Sofern für die Zeit zwischen Herstellung der Spannglieder – Lieferung von Fertigspanngliedern auf die Baustelle oder Verrohren des Spannstahles auf der Baustelle – und Einpressen mehr als 6 Wochen vorgesehen werden oder eine Überschreitung dieser Zeitspanne zu erwarten ist, hat der Auftragnehmer rechtzeitig dem Auftraggeber nachzuweisen, daß die von ihm getroffenen Maßnahmen zur Einhaltung der Voraussetzungen gemäß DIN 4227 Teil 1, Abschnitt über Korrosionsschutz bis zum Einpressen, ausreichen.

Sind zum Zeitpunkt des Einpressens Bauwerks- und Außentemperaturen unter $+5\,°C$ zu erwarten, so darf nur gespannt werden, wenn durch Schutzmaßnahmen die Erhaltung dieser Mindestbauwerkstemperatur sichergestellt ist. Dieses Maßnahmen sind mit dem Auftraggeber rechtzeitig festzulegen.

Überstehende Spanndrahtenden dürfen erst nach endgültiger Durchführung des gesamten Spannvorganges und nach Zustimmung des Auftraggebers abgetrennt werden. Das Abtrennen darf nur mittels Trennscheibe geschehen.

Die einzelnen Firmen haben für das Spannprotokoll besondere *Vordrucke* entwickelt (Tabelle 4.4). Nach Erreichen des vorgeschriebenen Dehnweges werden die Spannstähle gegen die Verankerung festgelegt (Eindrücken der Keile in die Ankerkörper, Anziehen der Muttern bei Schraubenverankerungen u. a.). Nach dem Festlegen der Spannglieder werden die erreichten Verlängerungen der Spannstähle gemessen und in das *Spannprotokoll* (Abb. 4.21) eingetragen. Die erreichten Werte müssen mit den errechneten übereinstimmen.

Bei Spannverfahren mit nachträglichem Verbund werden die Spannkanäle nach dem Spannen mit Zementmörtel verpreßt. Die Spannstähle sind dann vor Rost geschützt. Außerdem wird durch das Einpressen der kraftschlüssige Verbund zwischen Beton und Spannstahl erreicht. Der Verbund erhöht die Rissesicherheit und gewährleistet die Einhaltung der erforderlichen Bruchsicherheit.

Tabelle 4.4

ALLSPANN LITZENSPANNGLIEDER — VORSPANNWERTE

Bau: A 44 Nordring
Bauabschnitt: Brücke Niederrheinstr.
Bauteil: Überbau
Plannummer: G 13

Spannglied Typ: 6811
Spannstahlquerschnitt F_z: 1.540 mm²
Spannkolbenfläche F_k: 549,78 cm²
Pressenreibung (bei P) R: 3,0 %

Seite 26
Teilvorspannen: 40 N/mm²
Vollvorspannen: 25.3.1981 Neumann

erfordl. Mindest-betonfestigkeit bei Tag des Vorspannens
Leiter der Vorspannarbeiten: Neumann

Nr.	Spannglied-bezeichnung	Spann-seite	Spannglied-länge l [m]	Schlupf Δl_1 [mm]	rechnerischer Dehnweg einschl. Schlupf Δl_o [mm]	hinzukomml. Beton Verkürzung Δl_b [mm]	erforderl. Dehnweg $\Delta l_o + \Delta l_b$ Δl [mm]	Spannkraft 1. Anspannen rechnerisch P_o $P_o \Delta l_b$ kN	Spannkraft erforderl. P_1 Δl kN	Nachlassen P_2 kN	P_3 kN	p_1 bar	p_2 bar	p_3 bar	Zwischenlaststufe oder Teilvor-spannung x %	p_x bar	gemessener Überstand bei Druck von p_x [mm]	p_1 [mm]	l_{lst} [mm]	Teilver-längerung $l_{lst} - l_{ux}$ Δl_{lj} [mm]	erreichter Dehnweg ohne Durchhang $\Delta l_{lj} - \frac{p_1}{p_1 - p_x}$ $\Delta l'$ [mm]	Abweichung bezogen auf [l] $\frac{\Delta l'(\Delta l)}{\Delta l} \cdot 100$ %
17	19	A	40,40	3	2189	21	2210	1.800	1.817	1.359	1.695	3494	2398	3175	40	1361	300	433	133,0	221,6	
																		410	-23,0	198,6	
18	48	A	40,40	3	2163	20	2183	1.800	1.816						40	1361	250	423	+13,0	211,6	+0,73 X
																		379	129,0	215,0	
																		357	-22,0	193,0	
										1.359		2397	3174							
																		195,9			
											1.694	3402						210,1			
19	21	A	40,40	3	2189	20	2209	1.800	1.816						40	1361	250	372	+15,0	208,0	-1,00 X
																		382	132,0	220,0	
																		360	-22,0	198,0	
										1.358		3402	2397	3174					198,2		
																			210,8		
20	50	A	40,45	3	2164	19	2185	1.800	1.815						40	1360	300	374	+14,0	212,0	+0,57 x
																		331	131,0	218,3	
																		310	-21,0	197,3	
										1.358	1.693	3491	2396	3172					186,1		
																			216,3		
																		323	+13,0	210,3	±0,00 x

injiziert am 7.9.1981
Neumann

Summe: -0,10
im Mittel: 0,03

Abb. 4.22 Auspressen des Spanngliedes mit Zementmörtel. Verbindungsschlauch vom Sondermischer ist an die Injektionsöffnung des Spanngliedes geführt

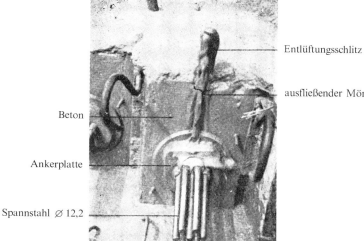

Abb. 4.23 Austritt des Einpreßmörtels an den Entlüftungsschlitzen am Spannkopf

Zum Einpressen wird ein Spezialmörtel verwendet, der DIN 4227 Teil 5 entsprechen muß.

Einpreßarbeiten (ZTV – K 80, 6.6.2)

Ergänzend zu DIN 4227 Teil 5 gilt: Überschreitungen des Wasserzementwertes $w/z = 0{,}40$ bedürfen der Zustimmung des Auftraggebers. Der freie Durchgang in

Spannkanälen ist in der Regel mit Wasser zu prüfen. Ausnahmen hiervon sind nur mit Zustimmung des Auftraggebers zugelassen.

Bei Spanngliedern sind an den Hochpunkten und Koppelstellen stets, an Tiefpunkten nach Möglichkeit, Entlüftungen bzw. Entwässerungen anzuordnen.

Das Fließvermögen des Einpreßmörtels ist in Erweiterung zur DIN 4227 mindestens bei den ersten drei ausgepreßten Spannkanälen am Austrittsende zu überprüfen und das Ergebnis im Protokoll festzuhalten.

Unterscheiden sich die Spannglieder um mehr als 100% in ihrer Länge oder dem zu verpressenden Querschnitt, so ist eine Überprüfung im o. a. Umfang zu wiederholen.

Das Verpressen erfolgt von einem Ende des Spanngliedes aus (Abb. 4.22). Beim Verpressen müssen die freien Enden der Spannglieder wasserdicht verschlossen sein. Die Spannkanäle müssen dicht und durchgängig sein. Vor dem Verpressen sollten die Spannkanäle mit Wasser durchgespült werden, um die Durchgängigkeit zu prüfen. Das Spülwasser, von gleicher Qualität wie das Anmachwasser des Einpreßmörtels, wird vor dem Injizieren mit Preßluft ausgeblasen oder an Entwässerungsöffnungen abgelassen.

Der Injektionsmörtel wird durch Auspreßrohre oder Schläuche eingepreßt, die direkt an den Ankerplatten oder auf dem Hüllrohr im Verankerungsbereich angebracht sind. Beim Verfahren BBRV-Suspa wird auf die Verankerung eine Auspreßkappe aufgeschraubt.

Am Spannkanalende und bei langen Spanngliedern mit wechselnder Höhenlage (z. B. Durchlaufträgern) werden auch an der höchsten Stelle Entlüftungsröhrchen angeordnet, die das Entweichen der verdrängten Luft gewährleisten. Die Entlüftungsröhrchen bleiben so lange offen, bis dort der austretende Mörtel (Abb. 4.23) die erforderliche Qualität aufweist (Tauchzeit im Tauchgerät mehr als 30 Sekunden).

Nach dem Spannen und Auspressen werden die überstehenden Enden der Spannstähle mit Säge, Schere oder Trennscheibe abgeschnitten und anschließend der Vorsatzbeton aufgebracht. Die Dicke des Vorsatzbetons ist je nach Spannglied und Spannverfahren verschieden. Es ist zweckmäßig, mindestens 15 cm als Vorsatzbeton zu wählen.

5 Brückenüberbauten

5.1 Allgemeines

Nach der Art der Tragkonstruktion unterscheidet man
- flächenartige Tragwerke (Platten, Trägerroste, Zellenkasten) $l:b \leq 2:1$ (Abb. 5.1);
- balkenförmige Tragwerke (Plattenbalken, Trogbrücken, Hohlkasten) (Abb. 5.2);
- Rahmen-Tragwerke (mit Vertikal- oder Schrägstielen) (Abb. 5.3);
- bogenförmige Tragwerke (Gewölbe, Bogenbrücken) (Abb. 5.4).

Flächenartige und *balkenförmige* Tragwerke werden in der Praxis am meisten angewendet.

Balkenförmige Tragkonstruktionen bestehen aus
- Fahrbahnplatte (zwischen den Stegen der Hauptträger und über diese auskragend),
- Hauptträger (Stege mit oberer Platte und bei Hohlkästen mit unterer Platte),
- Querträger (Feld-Querträger, Auflager-Querträger).

Die Tabellen 5.1 und 5.2 geben eine Übersicht über die bei massiven Straßenbrücken und Eisenbahnbrücken verwendeten Querschnitte.

Nach Art der Herstellung des Überbaues unterscheidet man
- Ortbetonbrücken,
- Fertigteilbrücken,
- Brücken in Mischbauweise (Fertigteile und Ortbeton).

Die Überbauten können
- schlaff bewehrt (Stahlbetonbrücken) oder
- vorgespannt werden (Spannbetonbrücken).

Art und Form der Querschnitte werden im heutigen Betonbrückenbau bestimmt durch
- Arbeitsablauf
- Einsparung von Lohnkosten
- zur Verfügung stehende Konstruktionshöhe (z. B. niedrige h_k bei innerstädtischen Verkehrswegen, große h_k bei Talbrücken).

Von wesentlichem Einfluß auf die Gesamtkosten sind die Schalungs- und Gerüstkosten. Man hat daher nach Wegen gesucht, diese zu reduzieren. So geht heute z. B. die Entwicklung von statisch günstigen, torsionssteifen Hohlkasten-Querschnitten zu querträgerlosen Plattenbalken-Querschnit-

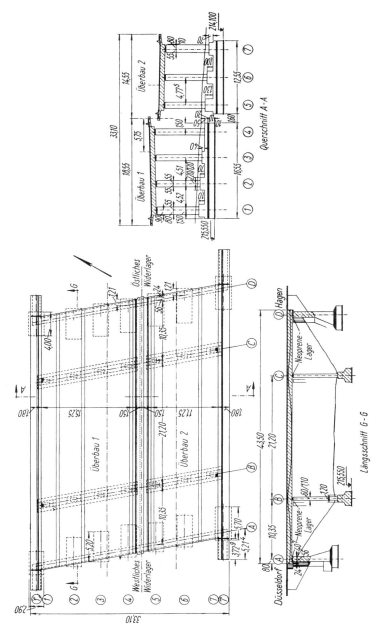

Abb. 5.1 Brücke über den Anschlüssen der Hatzfelder Straße in Wuppertal

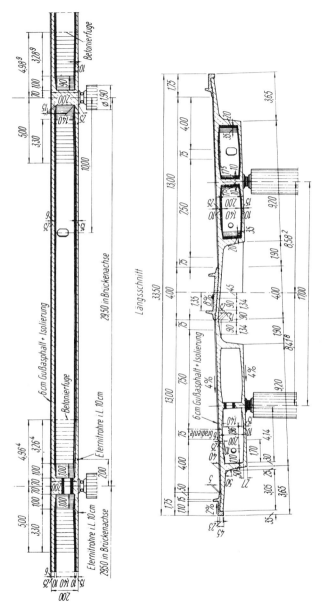

Abb. 5.2 Brücke Hochstraße Leverkusen im Zuge der Autobahn Kamen – Leverkusen

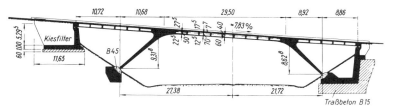

Abb. 5.3 Brücke Syburger Straße Zweigelenkrahmen mit Schrägstielen

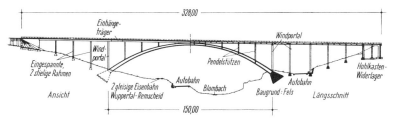

Abb. 5.4 Blombachtal-Brücke bei Wuppertal-Barmen. – Beiderseits eingespannter Bogen mit aufgeständerter Fahrbahn. Baujahr 1957/59

ten in voller Brückenbreite bis zu 30,00 m (vgl. Tabelle 5.1h). Bei hohen Talbrücken oder Überquerung breiter Wasserläufe werden durch Anwendung des *Freivorbaues* oder des *Taktschiebeverfahrens* erhebliche Gerüstkosten eingespart.

5.2 Flächentragwerke

5.2.1 Vollplatten (Tabelle 5.1a, 5.2a)
sind für kleinere Stützweiten und bei beschränkten Bauhöhen geeignet. Glatte Untersicht ist vorteilhaft. Sie lassen sich in ihrem Grundriß sehr gut der Führung der Verkehrswege anpassen, z. B. Rampenführung bei Kreuzungen (parabolische Randausbildung). Die Konstruktionshöhe beträgt $h_k = 0{,}50$ bis $1{,}00$ m.

- Stützweiten für Straßenbrücken
  als Einfeldplatten   in Stahlbeton   bis 15,00 m
       in Spannbeton   bis 25,00 m
  als Mehrfeldplatten   in Stahlbeton   bis 20,00 m
       in Spannbeton   bis 30,00 m
- Stützweiten für Eisenbahnbrücken   in Stahlbeton   bis 10,00 m
       in Spannbeton   bis 15,00 m

Tabelle 5.1 Querschnitte von Straßenbrücken

ⓐ Vollplatte

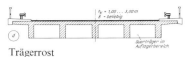
ⓓ Trägerrost

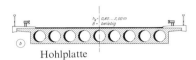
Hohlplatte

ⓔ zweistegiger Plattenbalken

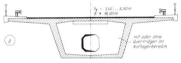
Zellenkasten

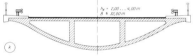
ⓕ zweizelliger Hohlkasten

ⓖ einzelliger Hohlkasten

ⓚ Hohlkasten, Unterseite parabolisch

ⓗ zweistegiger Plattenbalken

ⓘ Trapez-Platte

ⓜ Platte mit parabolischer Unterseite

Abstützung mit
schrägen Platten / schrägen Fertigteilstützen

ⓙ trapezförmiger Hohlkasten

breiter Plattenbalken mit Verdrängungsrohren

Tabelle 5.2 Querschnitte von Eisenbahnbrücken

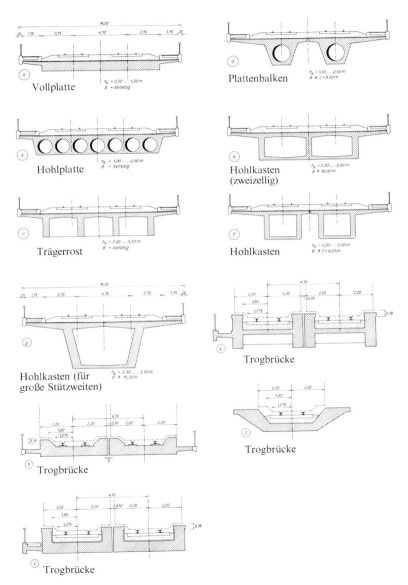

Die Berechnung der Platten erfolgt bei Belastung nach DIN 1072 für *einfeldrige Brücken* mit rechteckigem Grundriß nach den Berechnungstafeln von *Rüsch*, für *durchlaufende* Brücken stehen die Einflußfelder von *Hoeland* zur Verfügung.
Für einfeldrige schiefe Plattenbrücken mit parallelen Rändern stehen für Belastung nach DIN 1072 ebenfalls Berechnungstafeln von *Rüsch/Hergenröder* zur Verfügung.
Die Berechnung von Plattenbrücken mit anderen Randbegrenzungen (z. B. trapezförmige Platten, parabolisch begrenzte Ränder) erfolgt zweckmäßig mit Hilfe der EDV als Trägerrost oder nach der Methode der finiten Elemente; in Ausnahmefällen auch noch durch Modellversuche.
Platten mit *trapezförmiger oder parabolischer* Untersicht (Tabelle 5.1, *l. m*) eignen sich besonders für schmalere Plattentragwerke, sie zeichnen durch ihre befriedigende ästhetische Wirkung aus und eignen sich daher besonders für innerstädtische Hochstraßen mit Stützweiten bis etwa 25,00 m. Eine Quervorspannung ist im allg. nicht erforderlich, in Längsrichtung trägt in erster Linie nur der mittlere schraffierte Bereich.

5.2.2 Hohlplatten (Tabelle 5.1b, 5.2b)

sind für größere Stützweiten geeignet. Eigenlastersparnis durch eingelegte Hohlkörper (z. B. Wirus-Rohre, Hydra-Verdrängungsrohre, Abb. 5.5) als verlorene Schalung, Konstruktionshöhe max. 2,00 m.

- Stützweiten für Straßenbrücken
  als Einfeldplatten   in Stahlbeton bis 15,00 m
                                       in Spannbeton bis 32,00 m
  als Mehrfeldplatten   in Stahlbeton bis 20,00 m
                                       in Spannbeton bis 35,00 m
- Stützweiten für Eisenbahnbrücken   in Spannbeton bis 30,00 m

Die Berechnung der Hohlplatten darf bei Aussparungen mit annähernd kreisförmigem Querschnitt näherungsweise wie für volle Platten gleicher Bauhöhe erfolgen (DIN 1075, 5.2.1).
Mindestabmessungen nach ZTV K – 80, 6.1.1.2 sind einzuhalten:
obere Platte   = 20 cm
untere Platte   = 15 cm
Stege ($h \leqslant 100$ cm) = 30 cm
Die Anwendung von Hohlplatten ist nur dann wirtschaftlich, wenn die Einsparungen durch die geringeren Betonmengen größer sind als die zusätzlichen Aufwendungen für die Lieferung und den Einbau der Hohlkörper einschließlich der Auftriebsicherung der Hohlkörper beim Betonieren (Abb. 5.5).

a)

b)

Rohrende mit Abschlußdeckel

Rohrende mit Abschlußkegel, Nennweite 350 bis 1100

Abb. 5.5 HYDRA-Verdrängungsrohre für Hohlkastenbrücken
a) Einbau der Rohre
b) Verankerung der Rohre an der Schalung

DIN 4227 Teil 1, 6.7.2, Abs. 3:

Bei Hohlplatten mit annähernd kreisförmigen Aussparungen darf die Längsbewehrung auf den reinen Betonquerschnitt bezogen werden. Die Querbewehrung ist in gleicher Größe wie die Längsbewehrung zu wählen. Die Stege müssen hierbei eine Schubbewehrung nach Abschnitt 6.7.5 erhalten. Hohlplatten mit annähernd rechteckigen Aussparungen sind wie Kastenträger zu behandeln.

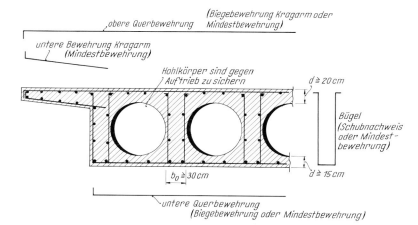

Abb. 5.6 Querbewehrung einer Hohlplatte

5.2.3 Zellenkästen (Tabelle 5.1c)

sind breite Hohlkästen ($l:b \leqq 2:1$) mit vielen Stegen und einem oder mehreren Feldquerträgern. Durch die große Quersteifigkeit ist die Tragwirkung ähnlich wie bei Hohlplatten. Die Hohlräume sind i. allg. annähernd rechteckig.

Die lichte Breite der Hohlräume wird so gewählt, daß auf eine Quervorspannung verzichtet werden kann (2,00 m bis 3,00 m), die lichte Höhe sollte mindestens 1,20 m betragen, damit die Schalung mit noch vertretbarem Aufwand ausgebaut werden kann.

Die Berechnung der oberen Platte, welche die Verkehrslasten überträgt, erfolgt mit den Tafeln von *Rüsch*. Zusatzmomente aus der Querverteilung sind zu berücksichtigen. Berechnung des Haupttragwerkes als Trägerrost mit Berücksichtigung der Torsionssteifigkeit der Hauptträger und Querträger (*Trost, Homberg*).

Die Biegefestigkeit der Platten kann dadurch berücksichtigt werden, daß sie als ideelle Querträger in die Trägerrostberechnung eingeführt wird (Abb. 5.7).

Für die Berechnung der Trägerroste stehen EDV-Programme zur Verfügung.

Der Schalungsanteil (bezogen auf m² Brückenfläche) ist bei Zellenkästen am höchsten (bis 2,75 m² Schalfläche/m² Brückenfläche).

Der Betonbedarf ist geringer als bei Hohlplatten (Mindestabmessungen s. Hohlplatten)

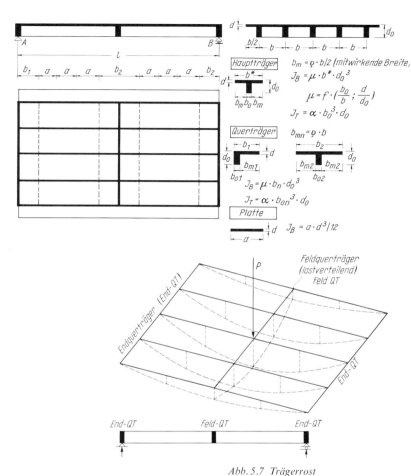

Abb. 5.7 Trägerrost
 a) Längs- und Querschnitt
 b) Lastverteilung

- Stützweiten für Straßenbrücken
  als Einfeldbrücken   in Stahlbeton bis 20,00 m
         in Spannbeton bis 45,00 m
  als Mehrfeldbrücken   in Stahlbeton bis 20,00 m
         in Spannbeton bis 60,00 m

- Stützweiten für Eisenbahnbrücken   in Spannbeton bis 45,00 m

5.2.4 Trägerroste (Tabelle 5.1d, 5.2c)
sind i. allg. breite Plattenbalkensysteme ($l:b \leqq 2$) mit vielen Stegen und Querträgern, bei denen durch die große Quersteifigkeit eine flächenhafte Lastverteilung erreicht wird. Bei Abstand der Hauptträger bis etwa 2,00 bis 3,00 m kann die Fahrbahnplatte schlaff bewehrt werden, bei größeren Abständen ist Quervorspannung zweckmäßig.
Gegenüber Zellenkästen geringerer Schalungsanteil (bis etwa 2,00 m² je m² Brückenfläche) und geringerer Betonbedarf.
Berechnung als Trägerrost mit Hilfe der EDV.
Stützweiten für Straßen- und Eisenbahnbrücken wie bei Plattenbalken (s. Abschn. 5.3).

5.2.5 Schiefe Platten
Wenn sich kreuzende Verkehrswege nicht rechtwinklig schneiden, müssen schiefe Brückenbauwerke ausgeführt werden.
Schiefe Platten (Vollplatten, Hohlplatten) sind in ihrem Tragverhalten schwierig zu erfassen. Für schiefe Einfeldplatten können die Beanspruchungen mit Hilfe von Einflußflächen oder Berechnungstafeln ermittelt werden *(Rüsch)*. Die Tragwirkung durchlaufender schiefer Platten und von Platten mit veränderlicher Breite läßt sich zweckmäßig mit Hilfe der EDV ermitteln oder mit Modellversuchen bestimmen.
Besonders zu beachten sind die großen negativen Biegemomente in Querrichtung in den stumpfen Ecken und die Vergrößerung der Auflagerkräfte an der gleichen Stelle. Die Schiefwinkligkeit von Platten ist in der stumpfen Ecke bereits von 85° ab zu verfolgen.
Die Hauptmomentenrichtungen (Abb. 5.8) sind abhängig von der Brückenbreite und von der Schiefwinkligkeit. Bei *breiten Brücken* ($l:b \leqq 0,8:1$) werden im Mittelbereich die Lasten über die kurze Spannweite

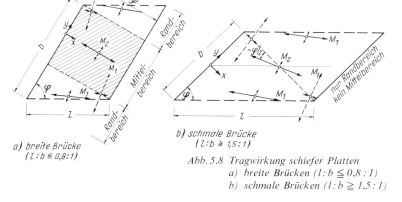

Abb. 5.8 Tragwirkung schiefer Platten
a) breite Brücken ($l:b \leqq 0,8:1$)
b) schmale Brücken ($l:b \geqq 1,5:1$)

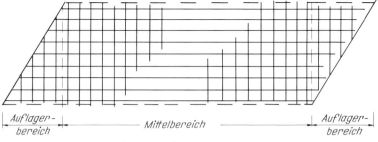

Längsbewehrung: gleichbleibende Länge
a) Querbewehrung: Mittelbereich gleichbleibende Länge
Auflagerbereich veränderliche Länge

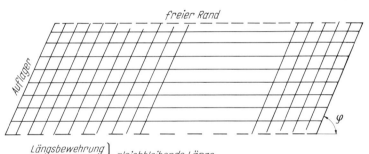

Längsbewehrung } gleichbleibende Länge
Querbewehrung }
b) zusätzlich obere Querbewehrung in der stumpfen Ecke

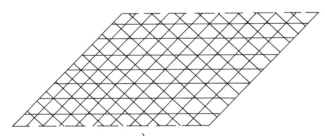

1. Lage, parallel zum freien Rand } gleichbleibende Länge
2. Lage, parallel zum Auflager }
3. Lage, senkrecht zum Auflager   veränderliche Länge
c) zusätzlich obere Querbewehrung in der stumpfen Ecke

Abb. 5.9 Bewehrung schiefwinkliger Brücken, a) rechtwinkliges Netz, b) schiefwinkliges Netz 2lagig, c) schiefwinkliges Netz 3lagig

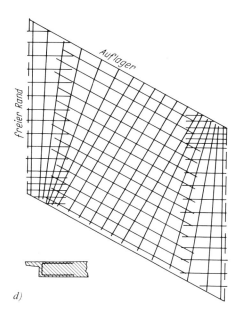

Längsbewehrung:
Mittelbereich senkrecht Auflager
im Randbereich verschwenken

Querbewehrung:
Mittelbereich parallel Auflager
Randbereich senkrecht zum
freien Rand

d)

Abb. 5.9 (Fortsetzung)
d) veränderliche Bewehrung

$l \cdot \cos\varphi$ abgetragen, d. h. Hauptmomentenrichtung M_I senkrecht und M_{II} parallel zum Auflager. Bei *schmalen Brücken* ($l:b \geq 1,5:1$) werden die Lasten über die lange Spannweite l abgetragen, d. h. Hauptmomentenrichtungen M_I parallel und M_{II} senkrecht zum freien Rand.
Die Hauptmomente bilden die Grundlage der Bemessung.
Bewehrungsführung:

- rechtwinkliges Netz (Abb. 5.9a); Längsbewehrung und Querbewehrung parallel und senkrecht zur Brückenachse; Längsbewehrung mit gleichbleibender Eisenlänge; für die Querbewehrung ergeben sich im Auflagerbereich veränderliche Längen der Bewehrung.
- Schiefwinkliges Bewehrungsnetz (Abb. 5.9b); Längsbewehrung parallel zur Brückenachse, Querbewehrung parallel zur Auflagerachse. Gleichbleibende Eisenlängen auch in Querrichtung. Größere Abweichungen von den Hauptmomentrichtungen und damit höherer Stahlbedarf. Zulässig bis etwa $\varphi = 65°$.
Bei kleineren Kreuzungswinkeln wird die Bewehrung zweckmäßig in drei sich kreuzende Lagen eingebaut (3lagige Bewehrung) (Abb. 5.9c).
- Netz mit veränderlicher Bewehrungsrichtung (Abb. 5.9d). Bei breiteren schiefen Brücken angewendet. Längsbewehrung im Mittelbereich senkrecht zum Auflager, am freien Rand parallel zu diesem. Konzentration der Längsbewehrung in den stumpfen Ecken. Querbewehrung

Bei kleineren Stützweiten und kleineren Bauhöhen wird der Hohlraum durch Verdrängungsrohre als verlorene Schalung (wie bei Hohlplatten) gebildet (Tabelle 5.1 n). Bei größeren Bauhöhen wird der Hohlkasten in üblicher Weise eingeschalt. Bei abschnittsweiser Herstellung sind in den Querträgern Öffnungen vorzusehen, damit die einzelnen Schalungselemente zum nächsten Abschnitt verfahren werden können (Abb. 5.13).

Bei Mehrfeldbrücken kann auf die Querträger über den Innenstützen verzichtet werden, was den kostengünstigen Einsatz eines Schalungswagens für die Innenschalung ermöglicht. Die zusätzlichen Schnittkräfte im Stützenbereich infolge des entfallenden Querträgers sind zu beachten.

Bei Kastenträgern ist die Querbiegung, auch infolge Profilverformung, nachzuweisen; Berechnung des Hohlkastens als Rahmentragwerk in Querrichtung.

Die Außenstege können gerade oder schräg angeordnet werden. Bei schrägen Stegen wird die Stützweite der unteren Platte verkleinert, diese erhält zusätzlich eine Druckkraft, dadurch wird die Zugkraft aus Vorspannung der oberen Platte i. allg. kompensiert.

Bei mehrfeldrigen Hohlkästen ist der Feldquerschnitt im Stützenbereich nicht mehr ausreichend. Über den Stützen wird eine Verstärkung der unteren Platte vorgenommen (Abb. 5.12) und, falls erforderlich, auch noch eine Verstärkung der Stegbreite durch Schrägen (Vouten).

Die Herstellung der Hohlkästen erfolgt in der Regel in zwei Abschnitten:

Verfahren A:
1. Schalung der Bodenplatte
   Außenschalung der Stege und Kragplatte
   schlaffe Bewehrung der Bodenplatte und der Stege
   Längsspannglieder der Stege
   Betonieren der unteren Platte
2. Innenschalung (Stege, obere Platte)
   untere Bewehrung Fahrbahnplatte
   Spannglieder für die Quervorspannung
   obere Bewehrung Fahrbahnplatte
   Betonieren der Stege und Fahrbahnplatte
   Vorspannen

Verfahren B:
1. Schalung der Bodenplatte
   Außenschalung der Stege und Kragplatte
   Innenschalung der Stege (z. B. Wandschalung)
   schlaffe Bewehrung der Bodenplatte und Stege
   Längsspannglieder der Stege
   Betonieren der unteren Platte und Stege

2. Schubbewehrung für den Lastfall rechnerische Bruchlast (DIN 4227 Teil 1, 12.4)
3. Nachweis der Bruchsicherheit (anteilig) für Biegung und Biegung mit Längskraft (DIN 4227 Teil 1, 11).

In Überbauten aus Stahlbeton und Spannbeton ist eine *Mindestbewehrung* nach DIN 1075, Abs. 10 bzw. nach DIN 4227 Teil 1, Abschn. 6.7, einzulegen. Dabei ist besonders die zusätzliche Bewehrung im Stützenbereich durchlaufender Tragwerke nach DIN 4227 Teil 1, Abschn. 6.7.6 zu beachten (s. Seite 83).

Bei Spannbetonbrücken mit stark geneigten Stegen oder mit gekrümmter Untersicht können aus den Umlenkkräften der Spannglieder in Brückenquerrichtung im Bereich zwischen den Spanngliedern Zugkräfte auftreten, diese müssen durch schlaffe Bewehrung abgedeckt werden.

Bei Koppelfugen von Spannbetonbrücken ist eine zusätzliche Bewehrung einzulegen (DIN 4227 Teil 1, 10.4).

Bei indirekter Lagerung ist im Kreuzungsbereich (Stege – Querträger) eine über die ganze Trägerhöhe durchgehende Aufhängebewehrung vorzusehen (DIN 4227 Teil 1, und DIN 1045, 18.10.2).

5.3.6 Längsvorspannung

Es wird unterschieden zwischen Längsvorspannung (Vorspannung in Brückenachse, d. h. also in Haupttragrichtung) und der Quervorspannung (Vorspannung quer zur Brückenachse). Bei der Längsvorspannung werden die Spannglieder so in den Träger eingelegt, daß sie sich möglichst dem Momentenverlauf aus ständiger Last und aus Verkehrslast anpassen.

Einfeldträger (Abb. 5.16a): Spannglied entsprechend Momentenverlauf parabelförmig einlegen, in Feldmitte tiefste Lage der Spannglieder (je größer e_v, desto geringer kann V sein, da $M_v = V \cdot e_v$). An den Enden des Bauwerkes müssen die Spannglieder auseinandergezogen werden (Abb. 5.16b), um die für die Verankerungen erforderlichen Abstände zu erhalten. Dabei soll aber nach Möglichkeit die Spanngliedachse (Schwerlinie der Spannglieder) in der Schwerlinie des Querschnittes liegen, da sonst durch Exzentrizität zusätzliche Biegemomente im Träger entstehen.

Durchlaufträger (Abb. 5.17): Auch hier Lage der Spannglieder entsprechend Momentenverlauf, d. h. im Feld tiefste Lage, über den Stützen höchste Lage.

Aus den statisch bestimmten Vorspannmomenten ($M_v^o = -V \cdot e_v$) ergeben sich Zwängungskräfte $M_v^{(I)}$, die sich nach den üblichen Regeln der Statik berechnen lassen.

Einfeldträger: In Feldmitte tiefste Lage, an Enden Anordnung in der Nullinie

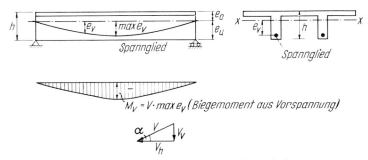

a) Vorgespannte Plattenbalkenbrücke. Ansicht und Querschnitt

e_o oberer Schwerlinienabstand
e_u unterer Schwerlinienabstand
e_v Abstand der Achse der Spannglieder von der Schwerlinie
$x - x$ des Gesamtquerschnitts
$H_v = V \cdot \cos x$, für kleine Winkel x ist $\cos x \approx 1$
$H_v \approx V$

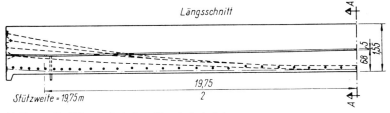

b) Spanngliedführung bei einer Eisenbahnbrücke

Abb. 5.16 Vorgespannte Einfeldbrücke, Spanngliederung

Die Spanngliedachse sollte zweckmäßig die Schwerlinie bei $l_0 = 0,15 l$ bis $0,18 l$ schneiden.

Der kleinste zulässige Krümmungsradius (s. Zulassung der Spannverfahren, $r = 4,80 \ldots 10,0$ m) über der Stütze darf nicht unterschritten werden. Der negative Anteil der Vorspannmomente im Feldbereich ist im allgemeinen größer als der positive Anteil om Stützenbereich. Die statisch unbestimmte Zwängungskraft wird in diesem Falle positiv, d. h., die endgültigen Vorspannmomente im Stützenbereich werden größer (günstig).

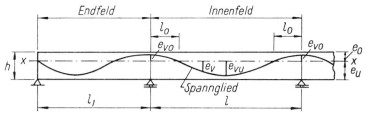

- l_1 Stützweite des Endfeldes
- l Stützweite des Innenfeldes
- l_0 Abstand zwischen dem Auflager und dem Durchgang des Spanngliedes durch die Schwerlinie des Gesamtquerschnittes ($e_v = 0$)
- e_v Abstand des Spanngliedes von der Schwerlinie $x - x$ des Gesamtquerschnittes
- e_o, e_u oberer bzw. unterer Randabstand von der Schwerlinie $x - x$
- e_{vo} Abstand des Spanngliedes von der Schwerlinie $x - x$ über der Stütze
- e_{vu} Abstand des Spanngliedes von der Schwerlinie $x - x$ in Feldmitte

Abb. 5.17 Vorgespannter Durchlaufträger; Spanngliedführung

Wenn im Stützenbereich die Zahl der Spannglieder nicht ausreicht, sind entweder *Zulagespannglieder* im Stützenbereich einzulegen, oder man läßt ähnlich wie bei schlaff bewehrten Balken die Spannbewehrung der beiden Nachbarfelder sich im Stützenbereich überschneiden (Abb. 5.18). Die Zulagespannglieder können gerade oder gekrümmt eingelegt werden, je nach den gegebenen konstruktiven Möglichkeiten für die Verankerung. Die Zwängungskräfte infolge Zulagespannglieder ergeben einen negativen Anteil zu den Vorspannmomenten im Stützenbereich und verschlechtern damit deren Wirkung. Es ist daher auch günstiger, gekrümmte Zulagespannglieder einzulegen.

Bei Brücken mit mehr als drei Feldern sollten die Spannglieder nicht länger als das 1,3- bis 1,4fache der Stützweite sein (z. B. 0,15 l vor einer Stütze beginnend und 0,15 l hinter der nächsten Stütze endend). Wegen der vielen Umlenkwinkel werden sonst die Reibungsverluste zu groß.

Durch *abschnittsweise Herstellung* der langen Brücken (feldweiser Vorbau) ergeben sich in jedem Feld Arbeitsfugen (etwa 0,15 l bis 0,16 l hinter einer Stütze). An diesen Stellen werden die Spannglieder gestoßen und nach Herstellung des vorhergehenden Abschnittes so viele Spannglieder angespannt, wie zur Abdeckung der Momente am Kragarm erforderlich sind (Abb. 5.18b). Die Spannglieder des nächsten Abschnittes werden nach dem Spannen angekoppelt (Koppelstoß mit Verankerung, Abb. 5.18b). Alle anderen Spannglieder erhalten nur einen einfachen Koppelstoß (Kopplung der Spannglieder ohne vorherige Vorspannung).

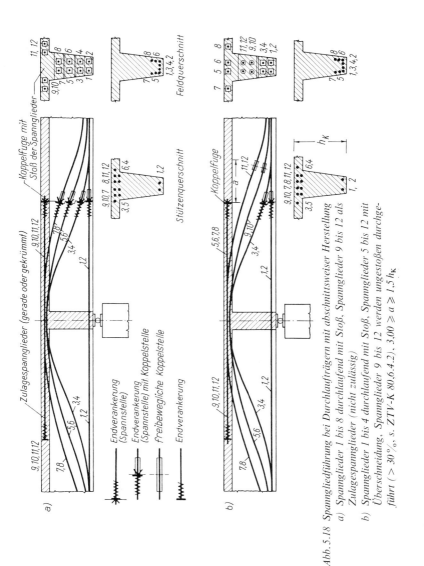

Abb. 5.18 Spanngliedführung bei Durchlaufträgern mit abschnittsweiser Herstellung
a) Spannglieder 1 bis 8 durchlaufend mit Stoß, Spannglieder 9 bis 12 als Zulagespannglieder (nicht zulässig)
b) Spannglieder 1 bis 4 durchlaufend mit Stoß, Spannglieder 5 bis 12 mit Überschneidung, Spannglieder 9 bis 12 werden ungestoßen durchgeführt ($>30\%$, s. ZTV-K 80.6.4.2), $3{,}00 \geq a \geq 1{,}5\,h_K$

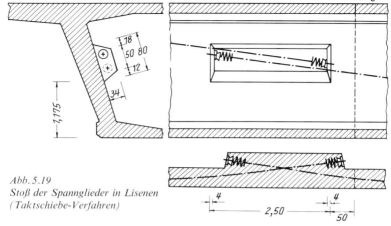

Abb. 5.19
Stoß der Spannglieder in Lisenen
(Taktschiebe-Verfahren)

(Stoßverbindung siehe S. 107f.) Diese Spannglieder werden erst am Ende des nächsten Abschnittes vorgespannt. Es dürfen nicht mehr als 70% der Spannglieder an der Koppelfuge gestoßen werden.

In jedem Brückenquerschnitt müssen mindestens 30% der Spannglieder ungestoßen durchgeführt werden (ZTV – K 80); in Baden-Württemberg sogar 60% der Spannglieder (ETA – K – BW 82). Diese dürfen frühestens im Abstand der 1,5fachen Konstruktionshöhe, bei Konstruktionshöhen über 2,0 m mindestens 3,0 m von einer Betonierfuge gestoßen oder verankert werden. Der Abschnitt über Arbeitsfugen mit Spanngliedkopplung der DIN 4227 gilt auch für Querschnitte mit Spanngliedkopplungen außerhalb der Arbeitsfugen. (ZTV-K 80, 6.4.2).

Beim *Taktschiebeverfahren* (s. Abschn. 17.9) wird am Ende eines Abschnittes (Takt) von den geraden Spanngliedern nur jedes zweite Spannglied vorgespannt, während die anderen ungestoßen bis zum Ende des nächsten Taktes durchlaufen und erst dort vorgespannt werden. Der Stoß der Stegspannglieder (abwechselnd) erfolgt zweckmäßig durch Überdeckung in Lisenen[1] (Abb. 5.19), wie sie von vorgespannten Behältern her bekannt sind und die auf der Innenseite der Stege angebracht werden, möglichst am Ende des Stützentaktes. Man sollte jeweils nur ein Spannglied in der Lisene stoßen.

---

[1]) Lisene = waagerechte, aus dem Steg heraustretende Verstärkung an der Innenseite der Stege.

Bei abschnittsweiser Herstellung der Überbauten ist in den Arbeitsfugen mit Spanngliedkopplungen eine höhere Bewehrung einzulegen, um Risseschäden in diesem Bereich zu vermeiden (DIN 4227 Teil 1, 10.4).
Berücksichtigung folgender *Querschnittsschwächungen:*
- Nicht ausgepreßte Hohlräume;
- Ankerkörper, die beim jeweiligen Nachweis unter Gebrauchslasten im Bereich von Längszugspannungen liegen.

Nachweis der *Schwingbreite* unter Berücksichtigung der Spannungsschwankungen infolge (DIN 4227 Teil 1, 15.9)
- wahrscheinlicher Baugrundbewegungen,
- linearer Temperaturunterschied von 5 K – Oberseite wärmer als Unterseite
- Zusatzmoment $\Delta M = \pm \dfrac{EI}{10^4 d_0}$

Hierin bedeuten:
EI Biegesteifigkeit im Zustand I
d_0 Querschnittsdicke des jeweils betrachteten Querschnitts
ΔM ist ausschließlich bei diesem Nachweis zu berücksichtigen.

5.3.7 Quervorspannung

Durch die Quervorspannung der Fahrbahnplatte wird bei Plattenbalken und Hohlkastenquerschnitten eine Vergrößerung der Hauptträgerabstände erreicht (bis max. 15 bis 16 m, Tafel 5.1 h, Seite 152). Außerdem kann gegenüber schlaff bewehrten Fahrbahnplatten die Plattendicke verringert werden. Bei Platten- und Hohlplattenbrücken ist im allgemeinen keine Quervorspannung erforderlich, aber aus konstruktiven Gründen doch zweckmäßig.
Eine Quervorspannung sollte stets vorgesehen werden
a) bei vorgespannten schiefwinkligen Überbauten mit $\alpha \leq 60°$,
b) bei mehrgleisigen Eisenbahnbrücken,
c) bei eingleisigen Eisenbahnbrücken mit mehrstegigem Plattenbalken- und Hohlkastenquerschnitt mit unmittelbarer Schienenbefestigung (schotterloser Oberbau).

Die Führung der Spannglieder für die Quervorspannung erfolgt nach den gleichen Grundsätzen wie die Längsvorspannung, also entsprechend dem Momentenverlauf (Abb. 5.20). Bei Platten ist es oft zweckmäßig, die Wirkung der Umlenkkräfte und der Ankerkräfte zu trennen. Die Einleitung der Ankerkräfte in die Platte erfolgt durch Scheibenwirkung. Die Umlenkkräfte u erzeugen Biegemomente aus der Vorspannung. Wegen des hohen Anteils der Verkehrslast gegenüber der Eigenlast bei den verhältnismäßig dünnen Platten kann oft die volle Exzentrizität nicht ausgenutzt werden, da sonst die zulässigen Zugspannungen für den Lastfall Eigenlast und Vorspannung überschritten werden.

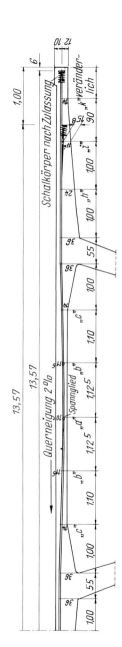

Abb. 5.20 Quervorspannung der Fahrbahnplatte

Abweichend von DIN 4227 muß die obere Betondeckung von Hüllrohren in der Fahrbahnplatte mindestens 10 cm für Längsspannglieder und 8 cm für Querspannglieder betragen (ZTV-K 80, 6.4.2).

Bei *Brücken mit geringer Konstruktionshöhe und mit großem Hauptträgerabstand* ist es manchmal erforderlich, im Stützbereich die untere Platte vorzuspannen, damit die schiefen Hauptzugspannungen nicht überschritten werden. Dies gilt besonders bei Brücken mit großer Torsionsbeanspruchung und mit stark gekrümmtem Grundriß. Im allgemeinen ist bei entsprechender Neigung der Stege eine Quervorspannung der unteren Platte nicht erforderlich, da in diesem Falle die untere Platte aus der Neigung der Stege zusätzlich Druckspannungen erhält.

Die *Querträger* dienen zur Aussteifung des Brückenquerschnittes. Wenn die Brückenlager nicht direkt unter den Hauptträgern angeordnet sind, so ergeben sich aus der indirekten Lagerung größere Biegemomente und Querkräfte in den Querträgern. Es wird in solchen Fällen daher oft erforderlich, die Querträger ebenfalls vorzuspannen.

5.3.8 Baustoffbedarf

Über den Baustoffbedarf vorgespannter Brücken liegen ausreichende Unterlagen über ausgeführte Bauwerke vor, so daß Grenzwerte über den Baustoffbedarf angegeben werden können:
Betonmenge,
Längsvorspannung,
Quervorspannung,
schlaffe Bewehrung.

In Tafel 5.3 sind Grenzwerte für den spezifischen Baustoffbedarf je m^2 Brückenfläche von geraden Brücken angegeben, für einfeldrige Brücken sowie für zwei- und mehrfeldrige Brücken mit etwa gleichen Stützweiten, getrennt für verschiedene Querschnittsformen; gültig für beschränkte Vorspannung und Brückenklasse 60.

Die *spezifische Betonmenge* ist abhängig von der Querschnittsart (Platte, Plattenbalken, Hohlkasten) und von der Zahl der Felder.

Die *spezifische Spannstahlmenge* für die Längsvorspannung wird bestimmt von

- Anzahl der Felder;
- Stützweiten;
- Konstruktionshöhe;
- Art des verwendeten Spannstahls,
- Vorspanngrad, beschränkt oder voll vorgespannt;
- Querschnittsform.

Tabelle 5.3 Baustoffbedarf vorgespannter Straßenbrücken (Grenzwerte)

	Zahl der Felder n	$n = 1$	$n = 2$	$n \geq 4$
Vollplatte	Konstruktionshöhe h_K [m] spez. Betonmenge [m³/m²] schlaffe Bewehrung (III) [kg/m²] Beiwert α_L für Längsvorspannung	$l/20\ldots l/30$ $0{,}85\ldots 0{,}95 h_K$ $40\ldots 50$ $90\ldots 120$	$l/20\ldots l/30$ $0{,}85\ldots 0{,}95 h_K$ $40\ldots 50$ $75\ldots 95$	$l/25\ldots l/35$ $0{,}80\ldots 0{,}90 h_K$ $40\ldots 50$ $70\ldots 90$
Hohlplatte	Konstruktionshöhe h_K [m] spez. Betonmenge [m³/m²] schlaffe Bewehrung (III) [kg/m²] Beiwert α_L für Längsvorspannung	$l/20\ldots l/30$ $0{,}65\ldots 0{,}75 h_K$ $40\ldots 50$ $70\ldots 90$	$l/20\ldots l/30$ $0{,}65\ldots 0{,}75 h_K$ $40\ldots 50$ $50\ldots 60$	$l/25\ldots l/35$ $0{,}55\ldots 0{,}65 h_K$ $40\ldots 50$ $45\ldots 55$
Plattenbalken	Konstruktionshöhe h_K [m] spez. Betonmenge [m³/m²] schlaffe Bewehrung (III) [kg/m²] Beiwert α_L für Längsvorspannung	$l/15\ldots l/25$ $0{,}50\ldots 0{,}60$ $50\ldots 60$ $60\ldots 70$	$l/15\ldots l/25$ $0{,}50\ldots 0{,}70$ $50\ldots 60$ $50\ldots 60$	$l/15\ldots l/25$ $0{,}50\ldots 0{,}70$ $50\ldots 60$ $45\ldots 55$
Hohlkasten	Konstruktionshöhe h_K [m] spez. Betonmenge [m³/m²] schlaffe Bewehrung (III) [kg/m²] Beiwert α_L für Längsvorspannung		$l/13\ldots l/25$ $0{,}55\ldots 0{,}65$ $50\ldots 60$ $45\ldots 50$	$l/13\ldots l/25$ $0{,}50\ldots 0{,}60$ $50\ldots 60$ $40\ldots 45$

Der *Spannstahlbedarf* für beschränkte Längsvorspannung von Straßenbrücken beträgt etwa:

$$S_L = \alpha_L \cdot \frac{l^2}{h_K} \cdot \frac{1}{\beta_Z}$$

α_L Beiwert für die Längsvorspannung nach Tabelle 5.3
l mittlere Stützweite (L/n) in m
L Gesamtlänge der Brücke zwischen den Auflagerlinien der Widerlager
n Zahl der Felder
h_K Konstruktionshöhe in m
β_Z Zugfestigkeit des Spannstahles in N/mm²
A Brückenfläche $B \times L$
B Breite zwischen den Geländern
S_L Spannstahlbedarf in kg/m² bezogen auf die Brückenfläche A

Tabelle 5.4 Fahrbahnplatten – Abmessungen und Vorspannung

Plattenbalken

B	l_1	l_2	d_0	d_K	d_V	d_F	Z_V
[m]	[m]	[m]	[m]	[m]	[m]	[m]	[kN/m]
10,00	3,00	6,00	0,25	0,45	0,40	0,25	650
15,00	4,00	7,00	0,25	0,50	0,48	0,30	850
20,00	5,00	10,00	0,25	0,58	0,55	0,32	1100
30,00	6,95	16,00	0,25	0,58	0,55	0,35	1900

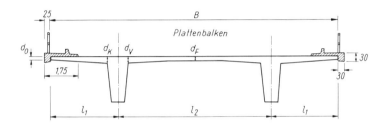

Hohlkasten

B	l_1	l_2	d_0	d_K	d_V	d_F	Z_V
[m]	[m]	[m]	[m]	[m]	[m]	[m]	kN/m
10,00	2,50	5,00	0,25	0,45	0,40	0,25	550
15,00	3,70	7,60	0,25	0,50	0,45	0,25	750
17,50	4,30	8,90	0,25	0,58	0,50	0,25	900
20,00	5,00	10,00	0,25	0,60	0,52	0,25	1100

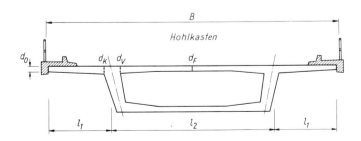

Der *Spannstahlbedarf für die Quervorspannung* ist abhängig von:
- *Stützweiten* der Fahrbahnplatte (Kragarme l_1, Abstand der Hauptträger l_2). Nach *Homberg* [69] liegt bei Plattenbalken mit zwei Hauptträgern das günstigste Stützweitenverhältnis bei
$l_1 : l_2 : l_1 = 0{,}45 : 1{,}00 : 0{,}45$.
Bei ausgeführten Brücken liegt der Wert l_1/l_2 bei etwa 0,40 bis 0,45. Für den Spannstahlbedarf ist im allgemeinen die Kragarmlänge maßgebend.
- *Plattendicke* im Feld d_F, d_v und Kragarm d_K, d_0 und deren Verhältnis zueinander, z. B. Kragarm d_0/d_K, Feld d_F/d_V.
- *Querschnittsform*. Beim Hohlkasten ist für Kragarm und Feldquerschnitt praktisch volle Einspannung vorhanden. Der Hohlkastenquerschnitt wirkt in Querrichtung als Rahmen.
Bei Plattenbalken entsteht durch die Verdrehung der Hauptträger eine elastische Einspannung des Kragarmes und damit eine größere Verteilungsbreite der Verkehrslasten an der Einspannstelle. Daraus ergeben sich zwar geringere Momente M_x und auch geringerer Spannstahlbedarf als beim Hohlkasten, aber auch größere Momente M_y quer zur Plattentragrichtung. Im Feldbereich ergeben sich größere Biegemomente wegen der geringeren Einspannung in die Hauptträger.
- *Vorspanngrad*, beschränkt oder voll vorgespannt.
- Art des verwendeten *Spannstahles*.

Tabelle 5.4 gibt eine Übersicht über zweckmäßige Abmessungen der Fahrbahnplatten und die erforderliche Quervorspannung *bei Plattenbalken und Hohlquerschnitten*. Die Angaben gelten für beschränkte Vorspannung und Brückenklasse 60, die Werte können in geringen Grenzen schwanken.

Der *Spannstahlbedarf für die Querträger* liegt etwa zwischen 0,5 und 1,0 kg/m² Brückenfläche.

Literaturverzeichnis

Abschnitt 1

Deinhard, J.: Vom Caementum zum Spannbeton, Band II – Massivbrücken gestern und heute. Bauverlag, Wiesbaden/Berlin 1964
Wittfoth, H.: Triumph der Spannseiten. Beton-Verlag, Düsseldorf 1972
Beyer, E./Thul, H.: Hochstraßen. Beton-Verlag, Düsseldorf 1967
Elsner: Handbuch für Straßenwesen. Elsner-Verlag 1978
Thul, H.: Entwicklungstendenzen im Großbrückenbau. Die Bauverwaltung, H. 12/1966
Thul, H.: Entwicklungstendenzen im neuzeitlichen Spannbetonbrückenbau – Entwurf und Ausführung –, Vorträge auf dem Betontag 1967. Deutscher Betonverein, Wiesbaden 1967
Schambeck, H.: Über das Entwerfen einer Spannbetonbrücke. Festschrift Ulrich Finsterwalder. Verlag G. Braun, Karlsruhe 1973
Paulus, E.: Planungsgrundlage der Brücke. Festschrift Ulrich Finsterwalder. Verlag G. Braun, Karlsruhe 1973
Leonhardt, F.: Vorlesungen über Massivbau, 6. Teil, Grundlagen des Massivbrückenbaues. Springer-Verlag, Berlin, Heidelberg, New York 1979
Tamms, F./Beyer, E.: Kniebrücke, Düsseldorf. Beton-Verlag, Düsseldorf 1969.
Beyer, E., u.a.: Die Oberkasseler Rheinbrücke und der geplante Querverschub. Beton-Verlag, Düsseldorf 1975

Abschnitt 2

Herzog, M.: Die wahrscheinliche Verkehrslast von Straßenbrücken. Bauingenieur 51 (1976), S. 451 bis 454
Linse, D.: Schnittgrößen von Balkenbrücken großer Spannweiten unter Straßenverkehrsbelastung – Sicherheit von Betonbauten –. Deutscher Betonverein e. V., Wiesbaden 1973
Herzog, M.: Temperaturmessungen an einer Spannbetonbrücke im Vergleich mit der üblichen Berechnung. Bauingenieur 52 (1977), S. 157 bis 161
Kehlbeck, F.: Einfluß der Sonnenstrahlung bei Brückenbauwerken. Dissertation TH Hannover. Werner-Verlag, Düsseldorf 1975
Homberg, H.: Berechnung von Brücken unter Militärlasten, Band 1. Werner-Verlag, Düsseldorf 1970
Homberg, H.: Berechnung von Brücken unter Militärlasten, Band 2. Werner-Verlag, Düsseldorf 1970
Homberg, H.: Berechnung von Brücken unter Militärlasten, Band 3. Werner-Verlag, Düsseldorf 1973

Abschnitt 3

Grasser, E.: Bemessung für Biegung mit Längskraft, Schub und Torsion. Beton-Kalender 1982, Teil I. Wilh. Ernst & Sohn, Berlin 1982

Kordina, K./Quast, U.: Bemessung von schlanken Bauteilen – Knicksicherheitsnachweis. Beton-Kalender 1982, Teil I. Wilh. Ernst & Sohn, Berlin 1982

Kupfer, H.: Bemessung von Spannbetonbauteilen. Beton-Kalender 1981, Teil I. Wilh. Ernst & Sohn, Berlin 1982

Leonhardt, F.: Spannbeton für die Praxis. Wilh. Ernst & Sohn, Berlin 1973

Leonhardt, F.: Vorlesungen über Massivbau. Springer-Verlag, Berlin/Heidelberg/New York
  Teil 1: 1973   Teil 4: 1978
  Teil 2: 1975   Teil 5: 1980
  Teil 3: 1977   Teil 6: 1979

Bieger, K. W./Bertram, G.: Rißbreitenbeschränkung im Spannbetonbau. Beton- und Stahlbetonbau, H. 5/1981

Bachmann, H.: Teilweise Vorspannung – Erfahrungen in der Schweiz und Fragen der Bemessung. Beton- und Stahlbetonbau, H. 2/1980

Trost, H./Bachmann, H./Bruggeling, A. S. G./Kupfer, H.: Teilweise Vorspannung. Vorträge Arbeitstagung Betontag 1979. Deutscher Betonverein e. V., Wiesbaden 1979

Kupfer, H.: Vorschläge für die Bemessung bei teilweiser Vorspannung. Vorträge Betontag 1977. Deutscher Betonverein e. V., Wiesbaden 1977

Peters, H. L.: Ermittlung der Reibungs- und Umlenkkräfte unter Berücksichtigung ungewollter Umlenkwinkel bei Spannbetontragwerken mit nachträglichem Verbund. Beton- und Stahlbetonbau, H. 4/1978

Wolff, H.-J./Mainz, B.: Einfluß des Betonzeitverhaltens. Werner-Verlag, Düsseldorf 1972

Trost, H./Mainz, B./Wolff, H.-J.: Zur Berechnung von Spannbetontragwerken im Gebrauchszustand unter Berücksichtigung des zeitabhängigen Betonverhaltens. Beton- und Stahlbetonbau 66 (1971), H. 9 und H. 10

Trost, H./Mainz, B.: Zur Auswirkung von Zwängungen in Spannbetontragwerken. Beton- und Stahlbetonbau, H. 8/1970

Busemann, R./Baldauf, H.: Spannungsumlagerung infolge Kriechen und Schwinden in Verbundkonstruktionen aus vorgespannten Fertigteilen und Ortbeton. Beton- und Stahlbeton, H. 6/163

Abschnitt 4

Bonzel, J.: Beton. Betonkalender 1981, Teil I. Wilh. Ernst & Sohn, Berlin 1981

Weigler, H.: Stahlleichtbeton – Herstellung, Eigenschaften, Ausführung. Bauverlag, Wiesbaden/Berlin 1972

Schmitz, H.: Spannleichtbeton für die Brücke über den Fühlinger See. Beton 23 (1973), S. 157 bis 163 und S. 207 bis 216

Krüger, W. C./Rehse, H.: Fußgängerbrücke in Stahlleichtbeton. Beton- und Stahlbeton, H. 11/1971

Ruffert, G.: Der Einfluß der Tausalzanwendung auf die Nutzungsdauer von Stahlbetonbrücken. Straße und Autobahn, H. 2/1978
Reimer, B.: Beton, Frost und Auftaumittel. VDI-Bericht 285. VDI-Verlag, Düsseldorf 1977
Herold, H.: Konstruktive Maßnahmen für den Korrosionsschutz von Beton und Stahlbeton. VDI-Berichte 285. VDI-Verlag, Düsseldorf 1977
Jungwirth, G./Kern, G.: Erfahrungen bei der Entwicklung und bei der Verarbeitung von Bewehrungsstählen im letzten Jahrzehnt. Bauingenieur 54 (1979), S. 97 bis 102
Seeling, R.: Arbeitsvorbereitung bei der Bewehrungsherstellung. Baumaschine und Bautechnik, H. 9/1974
Rehm, G.: Korrosion im Bauwesen – Theorie und Praxis. VDI-Berichte 285. VDI-Verlag, Düsseldorf 1977
Kern, E.: Korrosionsschutz von Stahl im Beton. VDI-Berichte 285. VDI-Verlag, Düsseldorf 1977
Kern, E.: Korrosionsschutz von Stahl im Beton. Bauwirtschaft, H. 33/1976
Bührer, R.: Spannstähle und deren Eigenschaften für ihre Anwendung bei Spannverfahren. VDI-Berichte 257, Spannverfahren. VDI-Verlag, Düsseldorf 1976
Kordina, K.: Konstruktionsprinzipien der Spannverfahren mit Ankerkörpern. VDI-Berichte 257, Spannverfahren. VDI-Verlag, Düsseldorf 1976
Thormälen, U.: Rißbildung im Spannbeton. Beton, H. 11/1979
Rehm, G./Nürnberger, U./Frey, R.: Zur Korrosion und Spannungsrißkorrosion von Spannstählen bei Bauwerken mit nachträglichem Verbund. Bauingenieur 56 (1981), S. 275 bis 281
Rehm, G./Nürnberger, U.: Zur Frage der Dauerhaltbarkeit von Spannstählen. Betonwerk- und Fertigteiltechnik, H. 9/1976
Engell, H.-J.: Durch Korrosion verursachte Schäden an Spannstählen und ihre Verhütung. VDI-Berichte 285. VDI-Verlag, Düsseldorf 1977
Jungwirth, D.: Entwicklungen im Spannbetonbau am Beispiel der Donaubrücke Metten. Bauingenieur 56 (1981), S. 413 bis 422
Rahlwes, K.: Spannbetonarbeiten auf der Baustelle. VDI-Berichte 257, Spannverfahren. VDI-Verlag, Düsseldorf 1976
Röhnisch, H.: Einpressen von Zementmörtel in Spannkanäle. VDI-Berichte 257, Spannverfahren. VDI-Verlag, Düsseldorf 1976

Abschnitt 5

Wittfoth, H.: Brücken – Vortragsveranstaltung und Seminar. Beton- und Stahlbetonbau, H. 10/1978
Leonhardt, F.: Bauen mit Beton heute und morgen. Beton, H. 9/1978
Leonhardt, F.: Vorlesungen über Massivbau. 6. Teil: Grundlagen des Massivbrückenbaues. Springer-Verlag, Berlin/Heidelberg/New York 1979
Bechert, H.: Massivbrücken. Betonkalender 1979, Teil II. Wilh. Ernst & Sohn, Berlin 1979
Schambeck, H.: Brücken aus Spannbeton: Wirklichkeiten, Möglichkeiten. Bauingenieur 51 (1976), S. 285 bis 298

Deinhard, J.: Vom Caementum zum Spannbeton, Band II – Massivbrücken gestern und heute. Bauverlag, Wiesbaden/Berlin 1964

Wittfoth, H.: Triumph der Spannweiten. Beton-Verlag, Düsseldorf 1972

Beyer, E./Thul, H.: Hochstraßen. Beton-Verlag, Düsseldorf 1967

N. N.: Weit spannt sich der Bogen. Die Geschichte der Bauunternehmung Dyckerhoff & Widmann. Verlag für Wirtschaftspublizistik. H. Bartels, Wiesbaden 1965

Rüsch, H.: Berechnungstafeln für rechtwinklige Fahrbahnplatten von Straßenbrücken. DAfStb Heft 106, 7. Auflage. Wilh. Ernst & Sohn, Berlin 1981

Homberg, H./Ropers, W.: Fahrbahnplatten mit veränderlicher Dicke, Band 1 und 2. Springer Verlag, Berlin 1965 und 1968

Mendel, G.: Einflußflächen für elastisch eingespannte Kragplatten. Beton- und Stahlbetonbau, H. 12/1975

Bergfelder, J.: Einflußflächen für das Einspannmoment des Kragplattenhalbstreifens mit veränderlicher Dicke

Homberg, H./Ropers, W.: Kragplatten mit veränderlicher Dicke. Beton- und Stahlbetonbau, H. 3/1963

Mattheiß, J.: Berechnungsverfahren für die Längsmomente von rechtwinkligen, durchlaufenden Plattenbrücken. Beton- und Stahlbetonbau, H. 1/1979

Molkenthin, A.: Einflußfelder zweifeldriger Platten mit freien Längsrändern. Springer-Verlag, Berlin/Heidelberg/New York 1971

Walthelm, U.: Dreifeldrige gerade Brückenplatte mit zwei Einzelpunktstützen. Straße Brücke Tunnel, H. 8/1974

Stiglat, K./Wippel, H.: Platten, 2. Auflage. Wilh. Ernst & Sohn, Berlin 1973

Homberg, H.: Einflußflächen von diskontinuierlichen orthotropen Platten, Biegemomente und Querkräfte. Die Bautechnik, H. 5/1976

Rüsch, H.: Berechnungstafeln für schiefwinklige Fahrbahnplatten von Straßenbrücken. DAfStb, Heft 166. Wilh. Ernst & Sohn, Berlin 1967

Schleicher, C./Wegener, B.: Durchlaufende schiefe Platten. VEB-Verlag für Bauwesen, Berlin 1968

Mehmel, A./Weise, H.: Modellstatische Untersuchung punktförmig gestützter schiefwinkliger Platten unter besonderer Berücksichtigung der elastischen Auflagernachgiebigkeit. DAfStb, Heft 161. Wilh. Ernst & Sohn, Berlin 1964

Homberg, H./Trenks, K.: Drehsteife Kreuzwerke. Springer-Verlag, Berlin/Göttingen/Heidelberg 1962

Deimling, R.: Der querträgerlose, zweistegige Plattenbalken unter antimetrischer Belastung der Balkenenden. Beton- und Stahlbetonbau, H. 7/1981

Burmester, S.: Berechnung von Einflußflächen für die Schnittgrößen zweistegiger Plattenbalkenbrücken. Werner-Verlag, Düsseldorf 1980

Schleeh, W.: Die gezogenen Gurtscheiben über den Innenstützen durchlaufender Plattenbalken. Beton- und Stahlbetonbau, H. 3/1980

Glahn, H.: Zur Lastverteilung in rechtwinkligen Plattenbalkenbrücken. Beton- und Stahlbetonbau, H. 10/1980

Ropers, W.: Mehrfeldrige zweistegige Plattenbalkenbrücken. Springer-Verlag, Berlin/Heidelberg/New York 1979

Schleeh, W.: Plattenbalken und andere mehrteilige Querschnitte. Beton- und Stahlbetonbau 12/1978

Schleeh, W.: Die Bedeutung des Endquerträgers beim Plattenbalken. Beton- und Stahlbetonbau, H. 4/1977
Homberg, H.: Platten mit zwei Stegen. Springer-Verlag, Berlin/Göttingen/Heidelberg 1973
Graßhoff, S.: Einflußflächen für Plattenanschnittsmomente zweistegiger Plattenbalkenbrücken. Werner-Verlag, Düsseldorf 1973
Graßhoff, S.: Einflußflächen für Plattenmomente zweistegiger Plattenbalkenbrücken. Werner-Verlag, Düsseldorf 1975
Zies, K. W.: Der zweistegige, symmetrische Plattenbalken mit gerader und schiefer Punktlagerung, Randstörungsmethode am unendlich langen System. Der Stahlbau, H. 4 und 5/1969
Nötzold, F.: Zur Berechnung des zweistegigen Plattenbalkens ohne Querträger. Beton- und Stahlbetonbau, H. 2/1969
Bechert, H.: Zur Berechnung mehrstegiger Plattenbalken. Die Bautechnik 41 (1964)
Bieger, K. W.: Vorberechnung zweistegiger Plattenbalken. Beton- und Stahlbetonbau, H.8/1962
Trost, H.: Lastverteilung bei Plattenbrücken. Werner-Verlag, Düsseldorf 1961
Bechert, H.: Einflußflächen zweistegiger Plattenbalken. Beton- und Stahlbetonbau, H. 1/1957
Prakash Rao, D. S.: Einfluß der Querschnittsabmessungen auf die Profilverformung von massiven Hohlkastenträgern. Beton- und Stahlbetonbau, H. 1/1981
Dittler, J.: Querbiegung und Profilverformung des ein- und zweizelligen Hohlkastens (unter Berücksichtigung der Scheibenwirkung der Gurte). Bauingenieur 55 (1980), S. 317 bis 321
Glahn, H.: Die Berechnung der Profilverformung symmetrischer, einzelliger Kastenträger mit in Längs- und Querrichtung veränderlichen Querschnittsverhältnissen. Beton- und Stahlbetonbau, H. 1/1980
Hees, G./Sulke, M.: Vereinfachte Berechnung mehrzelliger dünnwandiger langer Kastenträger. Die Bautechnik, H. 10/1978
Mrotzek, M.: Berechnung von Hohlkastenträgern ohne Querschotte. Beton- und Stahlbetonbau, H. 12/1971
Hees, G.: Querschnittsverformung des einzelligen Kastenträgers mit vier Wänden in einer zur Wölbkrafttorsion analogen Darstellung. Die Bautechnik, H. 11/1971 und H. 1/1972
Steinle, A.: Torsion und Profilverformung beim einzelligen Kastenträger. Beton und Stahlbeton, H. 9/1970
Steinle, A.: Praktische Berechnung eines durch Verkehrslasten unsymmetrisch belasteten Kastenträgers am Beispiel der Henschbachtalbrücke. Beton- und Stahlbetonbau, H. 10/1970
Knittel, G.: Zur Berechnung des dünnwandigen Kastenträgers mit gleichbleibendem symmetrischem Querschnitt. Beton- und Stahlbetonbau, H. 9/1965
Lippoth, W.: Zur Beanspruchung mehrzelliger Hohlkastenquerschnitte quer zur Längsachse aus Umlenkkräften der Längsvorspannung. Beton- und Stahlbetonbau, 1970, S. 270 bis 285

Beyer, E./Waaser, E.: Trogbrücke schützt vor Lärm, Hochstraße am Bahnhof Benrath in Düsseldorf. Beton, H. 12/1980

Wittfoth, H.: Betrachtungen zur Theorie und Anwendung der Vorspannung im Massivbrückenbau. Beton- und Stahlbetonbau, H. 4/1981

Roßner, W.: Konstruktion und Bewehrungsführung im Fugenbereich von Brücken bei abschnittsweiser Herstellung. Beton- und Stahlbetonbau, H. 4/1981

Baur, W./Göhler, B.: Beitrag zur wirklichkeitsnahen Ermittlung der Spannungen in Koppelfugen feldweise aus Ortbeton hergestellter durchlaufender Spannbetonbrücken. Beton- und Stahlbetonbau, H. 12/1972

Wölfel, E.: Bemessung von Koppelfugen. Mitt. Inst. Bautechnik, H. 2/1977

Trost, H./Wolff, H.-J.: Zur wirklichkeitsnahen Ermittlung der Beanspruchungen in abschnittsweise hergestellten Spannbetontragwerken. Bauingenieur 45 (1970), S. 155 bis 169

Rostasy, F. S./Ranisch, H./Alda, W.: Verstärkung von Spannbetonbrücken im Koppelfugenbereich durch angeklebte Stahllaschen. Bauingenieur 56 (1981), S. 139 bis 145

König, G./Weigler, H./Quittmann, H.-D./Stülb, J.: Nachträgliche Verstärkung von Spannbetonbrücken im Koppelfugenbereich mit bewehrten Betonlaschen. Beton- und Stahlbetonbau, H. 10/1980

Kordina, K.: Schäden an Koppelfugen. Beton- und Stahlbetonbau, H. 4/1979

Leonhardt, F.: Rißschäden an Betonbrücken, Ursachen und Abhilfe. Beton- und Stahlbetonbau, H. 2/1979

Pfohl, H.: Risse an Koppelfugen von Spannbetonbrücken – Schadensbeobachtung, mögliche Ursachen, vorläufige Folgerungen. Mitt. Inst. Bautechnik, H. 6/1973

Leonhardt, F./Lippoth, W.: Folgerungen aus Schäden an Spannbetonbrücken. Beton- und Spannbetonbau, H. 10/1970

Helminger, E.: Der absolute und spezifische Materialaufwand für Brückentragwerke im Zuge neuzeitlicher Straßen. Die Bautechnik, H. 1, 3 und 4/1978

Bieger, K. W.: Stahl- und Spannbetonbrücken. Eine Zusammenstellung ausgeführter Brückenbauwerke. Techn. Universität Hannover 1973

Kroner, H.: Über den Baustoffaufwand von Plattenbrücken aus Stahlbeton und Spannbeton. Straße Brücke Tunnel, H. 11/1970

Helminger, E.: Technische Daten neuerer Straßenbrücken in Spannbetonbauweise. Die Bautechnik, H. 1/1966

Kroner, H.: Über den Baustoffaufwand bei Stahlbetonbrücken und bei Spannbetonbrücken. Die Bautechnik, H. 1/1966

Stichwortverzeichnis

Abheben, Sicherheit gegen 58
Abschnittsweise Herstellung der langen Brücken 172
Abtrennen 144
Ankerkräfte 175
Ankerseite 112
Anmachwasser 99
Arbeitsfugen 174
Aufhängebewehrung 170
Auflager-Querträger 168
Auftriebssicherung 154
Auswechseln von Lagern 33
Außentemperaturen 144

Bahnanlagen 10
Baugrundbewegungen 38
Baustoffbedarf 177
Bauteile, vorgespannte 79
Bauwerke über Eisenbahnanlagen 10
Bauwerksbereich, Regelquerschnitte 18
Bauwerkstemperaturen 144
Beanspruchung beim Umkippen 74
Belastung der Brückenfläche 25
Benennung der Brücken 1
Berechnung, statische 62
Beschränkung der Rißbreite 82
Beschränkung der Rißbreite für Stahlbetonbauteile 74
Beschränkung der Schwingbreite unter Gebrauchslast 73
Beschränkung von Temperatur- und Schwindrissen 83

Besichtigungswagen, Lasten aus 38
Beton für Kappen 103
Beton für Sichtflächen 103
Betondeckung der Bewehrung 64
Betondeckung, obere 177
Betonmenge, spezifische 177
Betonprüfungen 104
Betonspannungen, zulässige 85
Betonstahl 106
Betonstahlmatte 106
Betonstauchung 142
Betonzusätze 101
Betonzusatzmittel 103
Bewegungen an Lagern 40
Bewegungswiderstand 37
Bewehrung, Betondeckung der 64
Bewehrung, schlaffe 169
Biegung und Biegung mit Längskraft, Querschnittsbemessung 72
Bindemittel 99
Blähschiefer 105
Blähton 105
Bremskräfte, Übertragung der 70
Bremslast 36
Bremslasten für Militärklassen 46
Brücken, Benennung 1
Brücken, Einteilung 2
Brücken mit Schienenbahnen 31
Brücken, Planung 4
Brücken, Windlasten auf 35

Brückenbauwerke an Kreuzungen 11
Brückenfläche, Belastung der 25
Brückenklassen 24
Brückenkonstruktion 5
Bundesbahn 10
Bundesbahnstrecken 12
Bundesfernstraßen 13

Dauerschwingbeanspruchung 32

Eignungsprüfungen 104
Einbau und Lagerung der Spannstähle 135
Einpreßarbeiten 146
Einteilung der Brücken 2
Ein- und mehrzellige Kastenträger 69
Eisenbahnanlagen, Bauwerke über 10
Eisenbahnbrücken 19
Eisenbahnbrücken, Querschnitte 153
Eisenbahnfahrzeuge, Ersatzlasten für Anprall von 57
Endverankerungen 86
Entgleisung 56
Entlüftungen 147
Entlüftungsröhrchen 147
Erhärten des Betons, Spannen nach dem 80
Erhärten des Betons, Spannen vor dem 80
Erhärtungs- und Güteprüfungen 104
Ersatzlasten für Anprall von Eisenbahnfahrzeugen 57
Ersatzlasten für den Seitenstoß 40
Ersatzlasten für Militärklassen 45

Fahrbahnplatte 148
Fahrbahnübergänge 37
Fahrzeugabstand für Militär-Lastklassen 45
Fahrzeuganprall 39
Feld-Querträger 168
Fertigspannglieder 146
Festigkeitsklassen 97
Fiktive Temperaturgrenzwerte 41
Flächenlast 50
Freivorbau 151
Frost- und Tausalzbeanspruchung 103
Fundamente aus Stahlbeton 70

Gebrauchszustand 87
Geh- und Radwege 9
Gekrümmte Spannglieder 85
Geländer, Lasten auf 38
Geschweißte Stöße 107
Gleise, Mindestabstände 15
Grundfließzahl 94
Grundschwindmaß 94

Haftverankerung 113
Hauptlasten 23, 72
Hauptträger 148
Herstellung der Hohlkästen 165
Hohlkasten 164
Hohlkästen, Herstellung der 165
Hohlplatten 154
Hüllrohre 137

Injektionsmörtel 147

Kappen, Beton für 103
Kastenträger, ein- und mehrzellige 69
Keilverankerung 112
Klemmverankerung 112

Knicksicherheit, Nachweis der 71
Koppelfugen 170
Koppelstoß 172
Kopplungen 86
Korrosionsschutz 135, 144
Kräfteumlagerungen 92
Kragarme, Schrägabstützung der 167
Kreuzungen, Brückenbauwerke an 11
Kriechen 90

Lager, Auswechseln von 33
Lager, Bewegungen an 40
Lagerung 110
Lagerung und Einbau der Spannstähle 135
Lagerverschiebung 92
Lagesicherheit 42
Längsvorspannung 170, 178
Lange Brücken, abschnittsweise Herstellung 172
Lastannahmen für Straßen- und Wegebrücken 22
Lasten auf Geländer 38
Lasten aus Besichtigungswagen 38
Lasten, ständige 23
Leichtbeton 105
Leichtzuschlag 105
Lichtraumprofile 6, 10, 14
Lisenen 174
Litzenspannglieder 137

Mindestabstände bei Gleisen 15
Mindestbetonfestigkeit beim Vorspannen 141
Mindestbewehrung 74, 170
Militärklassen, Bremslasten für 46
Militärklassen, Ersatzlasten für 45

Militär-Lastklassen, Fahrzeugabstand 45
Militärische Einstufung von Straßenbrücken 44
Mitwirkende Plattenbreite 67
Montage der Spannglieder 134

Nachbehandeln 102
Nachträglicher Verbund 81
Nachweis der Knicksicherheit 71

Obere Betondeckung 177
Öldruckpresse 141

Pfeiler 70
Planung von Brücken 4
Platten, schiefe 158
Plattenbalken 163
Plattenbreite, mitwirkende 67
Plattenbreite, Verlauf der mitwirkenden 65
Pressungen, zulässige 60
Profilverformung 165

Querbiegezugspannungen in Querschnitten 85
Querbiegung 165
Querkraft 72
Querrahmen 168
Querschnitte, Querbiegezugspannungen in 85
Querschnitte von Eisenbahnbrücken 153
Querschnitte von Straßenbrücken 152
Querschnittsbemessung für Biegung und Biegung mit Längskraft 72
Querschnittsschwächungen 175
Querträger 148, 165, 168
Querträger, Spannstahlbedarf 180

Quervorspannung 163, 175, 180

Radweg, Regelquerschnitt 9
Regelquerschnitt für Radweg 9
Regelquerschnitte im Bauwerksbereich 18
Regelquerschnitte nach RAS-Q 8
Reibungsverankerung 113
Rißbreite, Beschränkung der 82
Rißbreite für Stahlbetonbauteile, Beschränkung der 74
Rißbeschränkung 109

Schiefe Platten 158
Schiefwinklige Überbauten 175
Schienenbahnen, Brücken mit 31
Schiffahrtsöffnungen 16
Schlaffe Bewehrung 169
Schnittgrößenermittlung 65
Schrägabstützung der Kragarme 167
Schrammborde und Schutzeinrichtungen, Seitenstoß auf 74
Schraubgewinde 113
Schwinden 91
Schwingbeiwerte 30, 31
Schwingbreite 86, 109, 175
Schwingbreite unter Gebrauchslast, Beschränkung der 73
Seitenstoß, Ersatzlasten für den 40
Seitenstoß auf Schrammborde und Schutzeinrichtungen 74
Sicherheit gegen Abheben 58
Sicherheitsfaktoren 59
Sichtflächen, Beton für 103
Sonderlasten 23
Sonderlasten aus Anprall von Fahrzeugen 72
Sonderverankerung 113

Spannen nach dem Erhärten des Betons 80
Spannen vor dem Erhärten des Betons 80
Spannglieder, gekrümmte 85
Spannglieder, Montage der 134
Spannglieder, zulässige Stahlspannungen in 85
Spanngliedunterstützung 139
Spannprogramm 143
Spannprotokoll 143
Spannseite 112
Spannstähle 110
Spannstähle, Lagerung und Einbau 135
Spannstahlbedarf 178, 180
Spannstahlbedarf für Querträger 180
Spannstahlmenge, spezifische 177
Spannverfahren 110, 112
Spezifische Betonmenge 177
Spezifische Spannstahlmenge 177
Spülwasser 147
Stabstahl 106
Stadtstraßen 19
Ständige Lasten 23
Stahlbeton, Fundamente aus 70
Stahldehnung 142
Straßen 17
Straßenbahn 14
Straßenbahn-Lastzüge 61
Straßenbahnverkehrsspur 11
Straßenbrücken, militärische Einstufung 44
Straßenbrücken, Querschnitte 152
Straßen- und Wegbrücken, Lastannahmen 22
Statisch bestimmte Tragwerke 84
Statisch unbestimmte Tragwerke 84
Statische Berechnung 62

Stöße, geschweißte 107
Stöße, verschraubte 107
Stoßverbindungen 107, 134
Stützen 70
Stützweiten 6

Taktschiebeverfahren 151, 174
Temperaturgrenzwerte, fiktive 41
Temperaturschwankungen 34
Temperatur- und Schwindrisse, Beschränkung von 83
Temperaturunterschied 33
Torsion 72
Trägerroste 158
Tragwerke, statisch bestimmte 84
Tragwerke, statisch unbestimmte 84
Transportbeton 104
Trogbrücken 167

Überbauten 69
Überbauten, schiefwinklige 175
Übergreifungsstöße 107
Übertragung der Bremskräfte 70
Umkippen, Beanspruchung beim 74
Umlenkkräfte 175
Unterbauten 69

Verbund, nachträglicher 81
Verkehrsregellasten 26
Verlauf der mitwirkenden Plattenbreite 65
Verschraubte Stöße 107
Vollplatten 151
Vorgespannte Bauteile 79
Vorsatzbeton 147
Vorspannen, Mindestbetonfestigkeit beim 141
Vorspannung 80

Wärmewirkung 33
Wandreibungswinkel 48
Widerlager 70
Widerstands-Teilsicherungsbeiwerte 44
Windangriffsflächen 36
Windlast 35
Windlasten auf Brücken 35

Zellenkästen 156
Zulässige Betonspannungen 85
Zulässige Pressungen 60
Zulässige Stahlspannungen in Spanngliedern 85
Zulagespannglieder 172
Zusatzlasten 23, 72
Zusatzmoment 86
Zuschlagstoffe 98
Zwängungskräfte 92

Inhaltsverzeichnis von Teil 2, WIT 81

6	**Unterbauten**	1
	6.1 Gründung	1
	6.2 Pfeiler und Stützen	9
	6.3 Widerlager	16
7	**Schalung und Rüstung**	26
	7.1 Lastannahmen, Berechnung, Überwachung	26
	7.2 Schalung	29
	7.2.1 Schalhaut	29
	7.2.2 Schalungsträger	31
	7.2.3 Schalung der Unterbauten	34
	7.2.4 Schalung der Überbauten	40
	7.3 Lehrgerüste	42
8	**Bauverfahren**	55
	8.1 Lehrgerüste	55
	8.2 Vorschubgerüst	60
	8.3 Freivorbau	66
	8.4 Taktschiebeverfahren	72
	8.5 Fertigteilbrücken	85
9	**Sicherung des Verkehrs**	100
10	**Fahrbahnausbildung**	108
11	**Abdichtung und Entwässerung**	116
	11.1 Überbauten	116
	11.2 Unterbauten	120
12	**Fugen und Fahrbahnübergänge**	124
13	**Lager**	136
	13.1 Lagerarten	136
	13.2 Lagerbauarten	136
	13.3 Anordnung der Lager	145
	13.4 Einbau der Lager	151
14	**Überwachung und Prüfung von Brücken**	155
	Literaturverzeichnis	163
	Stichwortverzeichnis	171
	Inhaltsverzeichnis von Teil 1	175

Raum für Notizen